KB180305

# **면역력** 강화를 위한 **건강 식단** 113

**면역력** 강화를 위한 **건강 식단 113**

—

2024년 1월 25일 개정판 1쇄 인쇄
2024년 2월 5일 개정판 1쇄 발행

—

**지은이** 권영희
**펴낸이** 이상훈
**펴낸곳** 책밥
**주소** 03986 서울시 마포구 동교로23길 116 3층
**전화 번호** 02-582-6707
**팩스 번호** 02-335-6702
**홈페이지** www.bookisbab.co.kr
**등록** 2007.1.31. 제313-2007-126호

—

**디자인** 디자인허브
**그릇 협찬** 광주요, 이도

—

ISBN 979-11-93049-31-0 (13590)
**정가** 18,000원

—



**책밥**은 (주)오렌지페이퍼의 출판 브랜드입니다.

비만/당뇨/고혈압/암까지

우리 가족 건강 지키는

면역력 식단

# 면역력 강화를 위한 건강 식단 113

권영희 지음

책밥

# * 여는 글

대학에서 식품영양학을 전공하고, 건강식품 회사에서 일하면서 자연스럽게 '음식과 건강'에 대한 화두는 늘 저를 따라다녔습니다. 똑같은 질병을 앓고, 똑같은 건강식품을 섭취하고 있으면서도 회복 속도와 결과는 왜 이렇게 천차만별인 것일까. 물론 음식만의 문제는 아니겠지만, 먹는 것의 변화가 있던 사람들은 놀랄 정도로 회복 속도가 빨랐습니다.

회사에서 제 담당 업무는 제품 개발과 교육이었지만, 항상 식이요법과 먹을거리에 고민이 더 많았습니다.
'무엇을 어떻게 먹어야 면역력을 향상시켜 자연 치유력을 끌어올릴 수 있을까?'
그 해답을 찾기 위해 국내외 서적을 통해 배우기도 하고, 한방약선, 푸드컨설턴트, 식생활지도사 과정들을 찾아다니면서 공부하기 시작했어요. 그러다가 치유식이요법의 메카인 마크로비오틱을 알고 난 후 일본을 오가며 좀 더 심도 있는 공부를 하게 되었습니다. 본문에 나오는 요리 중에는 일본 마크로비오틱 리마스쿨에서 배운 기본 요리들이 몇 가지 포함되어 있어요.

자연 치유력을 높이는 면역력 밥상. 의학의 아버지라 불리는 히포크라테스는 '음식으로 고치지 못하는 병은 약으로도 고칠 수 없다'고 하였고, 마크로비오틱의 창시자 사쿠라자와 유키카즈는 '부엌은 가정의 약방이요, 음식을 하는 사람은 그 약방의 약사'라고 했습니다. 음식을 만드는 것은 가족 구성원의 건강과 행복의 약을 짓는 것과 다름이 없습니다. 화려하고 복잡한 것이 아닌 자연과 조화를 이루며, 먹는 사람을 생각하면서 단순하게 만드는 음식이 바로 면역력을 올려 주는 음식입니다.

면역력은 단순히 건강의 한 부분이 아니라 우리 삶의 핵심적인 힘입니다. 특히 질병과 싸우고 있는 이들에게는 면역력이 생존과 직결된 중요한 요소쇼. 많은 질병이 면역력 저하로부터 비롯되기에, 강력한 면역력은 예방과 치유의 첫걸음이 됩니다. 이러한 면역력을 높이는 데 있어 매일 섭취하는 음식의 역할은 결코 간과할 수 없습니다. 오늘 선택한 식사가 한 달, 심지어 일 년 후의 면역력에 결정적인 영향을 미칠 수 있습니다.

이 책에서는 면역력 강화에 필수적인 식단들을 소개합니다. 다양한 선택지가 있을 때 올바른 음식을 선택하는 것이 어려울 수 있지만, 이 책에서 소개하고 있는 식단들은 그 길잡이가 되어 드릴 것입니다. 하루에 한 번이라도 이 책의 면역 강화 식단을 경험한다면, 앞으로의 면역력과 삶의 질이 획기적으로 달라질 것임을 믿습니다.

2024년 1월 개정판을 내며
권영희

*

# 차례



## 1

면역력 향상을 위해 가장 중요한

## ‘기본 요리와 면역 대응법’

## 2

겨우내 쌓인 노폐물을 내보내는

# '봄'



## 3

무더위에 빼앗긴 기력을 보충하는

# '여름'

## 4

몸을 따뜻하게 추운 겨울에 대비하는

# '가을'



## 5

좋은 영양소만 담아 면역력을 높이는

# '겨울'

## ① 면역력은 건강의 파수꾼

중증호흡기 급성 질환인 메르스로 온 나라가 들썩일 때였습니다. 초등학교 4학년 아들의 반 친구들 30명이 4~5명씩 돌아가면서 결석을 하더니, 급기야 6명만 빼고 모두 며칠씩 결석을 하게 되었어요. 24명의 아이들과 6명의 아이들의 차이는 무엇일까요? 한마디로 말하자면 면역력입니다. 같은 공간에서 모두 호흡기 질환을 일으키는 코로나바이러스에 노출되었음에도 불구하고 면역력이 높은 아이는 그 바이러스를 이겨냈고, 면역력이 상대적으로 떨어진 아이는 바이러스와의 싸움에서 일시적으로 지고 만 것입니다.

면역력은 외부에서 들어온 병원균과 싸우는 힘을 말해요. 즉 나와 나 아닌 것과의 치열한 싸움에서 이길 수 있는 힘입니다. 세균, 바이러스처럼 총칼로 무장한 적들이 아무리 쏘아 대고 찔러 대도 면역력이라는 방패로 눈도 깜짝 안 하고 막아낼 수 있습니다. 외부에서 들어온 적뿐만 아니라 내부에서 생겨난 비정상세포인 암세포도 마찬가지예요. 암은 상대적으로 면역력이 약한 사람에게서 발병되므로 면역력만 잘 회복하면 암도 치유될 수 있습니다. 이처럼 면역력은 우리의 건강을 밤낮 없이 24시간 쉬지 않고 지켜주는 파수꾼입니다.

② 면역력과 밥상의 관계

우리의 건강 파수꾼인 면역력을 올리는 방법은 여러 가지가 있어요. 의학적으로 증명된 것은 운동, 체온, 햇빛, 웃음 등의 요법이 있지만 단연 주목받는 것은 식食, 즉 먹는 것입니다. 의학의 아버지인 히포크라테스는 '음식으로 고칠 수 없는 것은 약으로도 고칠 수 없다'고 했습니다. 고대 아유르베다 속담인 '식사법이 잘못되었다면 약이 소용없고, 식사법이 옳다면 약이 필요 없다'와 일맥상통하는 말이지요.

면역력이라고 하는 방패는 내가 오늘 무엇을 먹었는지에 따라 내일의 세포 구성을 달라지게 합니다. 3개월 전에 한 식사는 오늘 나를 감기에 걸려 콜록거리며 누워 있게 할 수도, 운동할 수 있는 에너지를 만들어 줄 수도 있어요.

분명한 것은 면역력을 올리는 밥상이 있다는 것입니다. 면역력이 '나 아닌 것과의 싸움'이라고 했듯이 외부로부터 들어오는 음식도 '내가 아닌 다른 것'입니다. 음식물이 들어오면 인체의 면역 시스템은 정신없이 움직이기 시작합니다. 받아들일 것인가 내보낼 것인가를 구분해야 하며, 생존을 위해 받아들이기로 했어도 음식과 함께 들어오는 독성물질과 세균을 구별해야 하기 때문입니다. 아프면 식욕이 떨어지는 이유도 이 때문이지요. 아픈 몸을 치유하기 위해서는 망가진 세포를 버리고 새로운 세포를 만들기 바쁜데, 음식을 먹으면 그것을 분류하고 해독하고 배출하는 데 엄청난 에너지와 면역 시스템을 가동시켜야 합니다. 신비롭게도 인체는 생존을 위해 식욕을 없게 만듭니다. 이처럼 우리의 면역력을 올리는 밥상은 면역 시스템을 과로하게 하지 않는 자연스러운 밥상입니다.

## ③ 면역력은 더하는 것이 아니라 빼는 것

재작년 11월 지인이 상담을 요청해 왔습니다. 고혈당이 몇 년간 지속된 가운데 운동과 규칙적인 생활로 어느 정도 당이 안정화됐지만, 식전 120~130 정도 되는 당이 더 이상 떨어지지 않는다고 했습니다. 더욱이 단백뇨도 보이기 시작해 병원에서는 합병증이 올 수 있으므로 반드시 약을 먹어야 한다고 처방해 주었는데 약은 죽어도 먹기 싫다는 것입니다. 대신 식이요법을 해보겠으니 팁을 달라고 했습니다. 3개월 후에 진료를 예약했는데 그동안 식이요법을 해도 별 차도가 없으면 그때부터 약을 먹겠다고 했지요.

저는 빼기를 알려 주었습니다. '흰 설탕, 밀가루, 고기, 생선을 3개월간 먹지 않는 것'이 가장 우선이라고 했지요. 그 다음 먹어야 할 것을 알려 주며 먹어야 할 것보다 안 먹어야 하는 것을 꼭 지키라고 했습니다. 그리고 3개월 뒤 의사의 첫마디는 이러했습니다.

"거 보세요. 이렇게 다 좋아졌잖아요. 약을 진작 드셨어야죠."
"저 사실은 약 안 먹었는데요."
"……그래도 약은 드셔야 해요!"

당뇨 환자에게 병원에 가지 말고, 약을 먹지 말라는 얘기가 아닙니다. 약을 먹어도 식습관을 바꾸지 않으면 개선되는 것에는 한계가 있습니다. 면역력을 올리는 밥상도 마찬가지예요. 면역력이 떨어져 질병에 걸리거나, 잦은 감기로 결근이나 결석이 늘어난다면 면역력을 올리는 밥상이 꼭 필요합니다. 면역력을 올리는 밥상은 좋은 것을 먹기보다는 면역력에 방해되고 장에 부담을 주는 음식을 먹지 않는 것이 우선입니다.

흰 설탕, 흰 쌀밥, 흰 밀가루와 정제소금, 인공첨가물을 피하는 것부터 시작해 보세요. 면역력 밥상의 모든 요리에는 설탕을 사용하지 않고, 채소와 곡물 본연의 단맛을 이용했어요. 몇 천 년간 우리 조상들이 먹어 왔던 음식들이 좋은 음식들이며 장에 부담을 주지 않는 식품입니다. 이제 막 생겨난 가공식품과 같은 음식은 장에서 '내가 아닌 것'으로 받아들여 고통스러운 면역 반응과 질병을 일으키지요.

20~40대의 젊은 암 환자들이 점점 더 늘어나고 있는 것은 어렸을 때부터 인공감미료의 단맛, 중독성 있는 자극적인 맛에 길들여져 장과 간, 신장이 일찍부터 과로했기 때문입니다. 다행인 것은 아이들의 혀는 어른들보다 빨리 감각을 찾을 수 있다는 것입니다. 이 책을 통해 자연이 주는 달콤한 맛을 즐겨 보세요. 자연의 맛에 중독되면 인공감미료의 가짜 단맛에 손사래 치는 날이 올 거예요. 화려한 가짜 식탁 대신 소박한 밥상, 한 수저를 더하는 것이 아닌 한 수저를 빼는 소식小食. 더하지 않고 빼는 것이 면역력을 높이는 첫걸음입니다.

## ④ 면역력 올리기 위한 식사 원칙

면역력 올리기 위한 식사법으로 이제 더하기를 시작해 볼까요? 꼭 알아 두어야 하는 3가지 원칙은 '신토불이', '일물전체', '제철 음식'입니다. 모두 자연스러운 밥상을 위한 기본 법칙으로 아주 간단합니다.

이 땅에서 발생하는 질병은 신토불이와 제철 음식처럼 이 땅에서 나오는 음식으로 다스릴 수 있고, 이 땅은 우리가 필요로 하는 것들을 꼭 필요한 제때 제공해 줍니다. 1년 내내 뜨거운 열대 지방에서는 열을 식혀 주는 열대 과일이 나지만 에스키모들이 파인애플이나 망고를 먹는다면 몸이 더 차가워져 동상에 걸릴지도 모릅니다.
일물전체는 껍데기를 포함해 전체를 먹는 것입니다. 과일이나 채소, 곡류를 살펴보면 껍데기에 많은 영양소가 있어 전체를 함께 먹을 때 그 식품이 갖고 있는 에너지를 모두 얻을 수 있습니다. 예를 들어 쌀을 보더라도 현미의 겨 부분에 지방, 무기질, 비타민 등이 다량 들어 있습니다. 뿐만 아니라 현미는 그 자체의 생명력이 있기 때문에 물에 담가 두었을 때 싹이 트지만 백미는 그렇지 않습니다. 현미는 단백질, 지방, 탄수화물, 비타민, 무기질을 모두 섭취할 수 있는 완벽한 영양체입니다. 당근도 껍질에 비타민과 식물 영양소가 다양하게 함유되어 있어요.

마지막으로 중요한 것은 모든 음식을 50번 이상 씹어 먹는 것입니다. 음식물을 씹으면 타액이 나오는데 이 타액에는 소화효소가 가득 함유되어 있어 씹으면 씹을 수로 위나 장 등의 소화기관에 부담을 덜어 줍니다. 또한 신진대사를 활발하게 하는 호르몬이 들어 있어 두뇌를 자극해 두뇌 건강에도 좋아요. 뿐만 아니라 씹는 것만으로 암을 예방할 수도 있습니다. 일본 한 대학의 연구에 따르면 타액에는 암세포를 죽이는 성분이 있고, 발암성분과 타액이 접촉하고 있는 시간이 30초 이상이 되면 타액의 항암성분이 급격히 증가했다고 합니다. 현미와 근채, 엽채, 해조류를 100번에서 150번 이상 씹어 먹는 것을 20일 정도 하면 웬만한 궤양쯤은 다스릴 수 있다고도 합니다. 어렵다면 첫술만이라도 50번 씹기를 도전해 보면 어떨까요?

식사의 기본은 1국 3반찬으로 합니다. 주식인 밥에 주요리 한 가지, 부요리 두 가지, 된장국 같은 국물요리가 기본입니다. 식단은 현미밥 위주의 곡류가 50~60%, 제철 채소를 이용한 요리가 25~30%, 콩 및 해조류가 10~15%, 된장국이나 맑은 장국이 5~10%가 되게 합니다. 동물성 식품이 없어 영양이 부족하지 않을까 걱정할 수도 있지만 영양과 에너지 면에서도 부족함이 없습니다. 동물성 식품이 먹고 싶을 때는 뼈까지 먹을 수 있는 작은 생선이나 흰 살 생선, 조개, 오징어 등의 해산물을 가끔 먹는 것을 권합니다. 평소에 육류를 즐기는 식습관이었다면 일주일에 주 2~3회는 채식하는 날로 정해 놓고 그날만큼은 맛있는 채소를 풍성하게 먹는 것도 방법입니다.

식단을 구성할 때는 먼저 계절과 끼니때를 생각하고 주식을 밥으로 할 것인지 면으로 할 것인지를 정합니다. 다음으로 반찬을 정하고, 국의 종류를 정합니다.
계절에 따라 양성·음성으로 나누어 같은 재료라도 조리법을 다르게 해야 제대로 제철 음식을 즐길 수 있습니다. 양성의 음식은 몸을 따뜻하게 해주면서 수렴하는 음식인데, 음성의 음식이라도 양성의 조리법을 쓰면 양성의 음식을 만들 수 있습니다. 암 환자나 당뇨병 같은 음성의 환자는 양성의 조리법이 좋습니다. 또 가을, 겨울에는 양성의 조리법을 이용해 조리하는 것이 몸을 따뜻하게 하고 면역력을 유지할 수 있는 방법입니다.

양성의 조리법은 5가지가 있습니다. 첫째, 열을 가합니다. 똑같은 양배추라 하더라도 생양배추와 데친 양배추는 성질이 달라집니다. 한여름에는 생양배추를 샐러드 형태로 먹지만 겨울에는 수분 없이 찌거나, 된장국에 이용합니다. 둘째, 염분을 가합니다. 소금이나 간장, 된장을 이용하면 됩니다. 셋째, 건조시킵니다. 무와 무말랭이를 비교하면 무는 음성이 강하고, 무말랭이는 양성이 강합니다. 즉, 생채소보다는 말려서 보관하는 묵나물 요리가 몸을 더 따뜻하게 합니다. 넷째, 압력을 가합니다. 냄비에 지은 밥보다 압력솥에 지은 밥이 양성입니다. 다섯째, 조리 시간을 길게 합니다. 조림이나 장아찌 등은 요리 시간도 길고 발효시키는 시간이 길어지면서 양성이 됩니다.

반대로 조리 시간이 짧고, 불을 사용하지 않거나 적게 사용하는 조리법과, 소금이나 간장 대신 식초를 사용하거나 오일이 가득한 샐러드는 음성의 조리법에 해당됩니다. 음성의 조리법은 면역력을 높이는 식단에서는 잘 사용하지 않고, 체온을 낮출 필요가 있는 한여름에만 활용합니다.

아침 식사는 몸이 깨어나 하루의 활동을 시작하는 시간으로 소화 흡수보다는 배출을 위한 시간입니다. 따라서 몸에 부담을 주는 식사는 삼가고 부드러운 현미죽이나 수프에 장아찌, 찐 채소 정도가 적당합니다. 튀기거나 지방이 많은 음식은 피해야 합니다. 따라서 흔히 먹는 토스트는 아침 식사로 적당하지 않습니다.
점심 식사는 낮 동안 충분히 활동할 수 있는 에너지를 보충하기 위해 비교적 푸짐하게 먹어도 괜찮습니다. 소화할 시간도 충분하니 볶음밥이나 기름기가 있는 튀김 등을 먹는다면 점심에 먹는 것이 좋아요.
저녁 식사는 되도록 현미밥에 된장국을 먹는 것이 좋습니다. 낮 동안 채소, 콩, 해조류 중 섭취하지 않은 것이 있다면 저녁에 보충해 주세요. 조리법은 찜이나 조림 등 다양하게 해도 좋지만, 소화 흡수가 잘될 수 있게 요리합니다.

**| 일주일에 3일 건강하게 챙겨 먹는 삼시세끼 |**

| 아침 | 아침 | 아침 |
| --- | --- | --- |
| 당근오트밀죽 | 파된장죽 | 우메보시번차 |
| **점심** | **점심** | **점심** |
| 봄의 스파게티<br>달래새우전 | 오분도미밥<br>목이미역국<br>봄의 팔보채 | 당근두부소보로<br>봄의 야채튀김<br>곤약래디시미역무침 |
| **저녁** | **저녁** | **저녁** |
| 현미밥<br>된장국(봄채소)<br>미역쪽파무침<br>구운두부버섯 카나페 | 현미팥밥<br>된장국<br>애호박당근두부조림<br>양배추호두무침 | 현미기장밥<br>봄의 청국장<br>연근찹스테이크<br>깍두기 |

환절기마다 감기에 걸리지 않으면 이상하고, 여행 가서 남들과 똑같이 먹고도 혼자 배탈이 나며 비염과 변비가 만성이 된 사람들은 겉은 건강해 보일 수 있지만 사실은 허약 체질입니다. 이런 체질을 가진 몸속의 면역세포는 늘 괴롭습니다. 해도 해도 끝이 안 나는 일을 붙들고 살아야 하며 바람 잘 날이 없지요. 언젠가 면역세포가 두 손 두 발을 들게 되는 날 느닷없이 감당할 수 없는 질병이 찾아올지도 모릅니다.
면역력은 내 몸을 지키는 파수꾼입니다. 그 파수꾼이 열심히 일할 수 있도록 하려면 제대로 쉴 수 있는 환경을 만들어 주어야 합니다. 온몸을 정화시켜 면역세포가 착실하게 일할 수 있는 환경이 된다면 평생 질병 걱정 없이 살 수 있습니다.
평소 면역력이 약하고, 어떻게 보완해야 하는지 방법을 몰랐다면 면역력 올리는 기본 식단을 10일간만 실천해 보세요. 현미밥, 깨소금, 된장국에 무짠지(깍두기)면 충분합니다. 일명 '현미 리셋식'입니다. 1일 2식이든 3식이든 상관없이 배가 고프면 현미 리셋식을 해보세요.

**● 메뉴 1. 최고의 디톡스 재료 현미**

현미는 반찬이 거의 필요 없을 정도로 영양이 풍부하고, 물에 담가 두면 싹이 돋아날 정도로 생명력이 강합니다. 그만큼 현미를 먹으면 현미의 강한 생명력과 에너지를 먹는 것과 같아요.

### ● 메뉴 2. 세계 최고의 슈퍼푸드 된장국

된장의 원료가 되는 대두는 혈액을 깨끗하게 합니다. 단백질, 지방, 탄수화물, 비타민, 미네랄이 풍부한 대두를 발효하면 영양 가치가 올라갈 뿐만 아니라 흡수율도 좋아지니 금상첨화이지요. 제철 채소를 넣은 된장국이면 다른 반찬을 만들 필요가 없답니다.

### ● 메뉴 3. 튼튼한 뼈를 만드는 깨소금

깨소금은 현미에 조금 부족할 수 있는 칼슘을 보충해 줍니다. 우유나 작은 생선에 함유된 동물성 칼슘은 뼈를 필요 이상으로 딱딱하게 만들지만 식물성 칼슘은 유연하고 튼튼한 뼈로 만들어 줍니다. 단단한 뼈는 언뜻 보기에 좋아 보이지만, 부러져 버리기 쉬워요. 요즘 아이들이 골절 발생률이 높은 이유도 동물성식품의 과잉 섭취가 하나의 원인입니다.

### ● 메뉴 4. 유산균이 살아 있는 무짠지(깍두기)

무짠지는 한국의 김치 중 가장 오래된 원초적인 형태입니다. 무를 소금으로 짜게 절여 만든 김치로 김장철의 단단하고 맛있는 무로 만들어 이듬해 여름까지 먹습니다. 무를 장시간 발효시킨 무짠지는 장을 건강하게 하는 데 큰 효과가 있어요. 무짠지가 없을 때는 고춧가루 및 양념이 많이 들어가지 않은 깍두기나 김치로 대신합니다.

사람의 혈액은 10일마다 새롭게 바뀝니다. 따라서 위의 4가지 메뉴를 10일간 지속적으로 먹으면 몸이 놀랄 정도로 바뀌는 것을 느낄 수 있습니다. 혈액이 깨끗해지면서 피부도 변하고 기억력, 판단력까지 좋아지지요.
평소 현미식이나 채소, 된장 위주의 식사를 하지 않다가 현미 리셋식을 시작하면 일시적인 호전 반응이 나타나기도 합니다. 뾰루지가 나거나 열이 나고, 나른한 증상은 지금까지 먹었던 좋지 않은 식품들이 밖으로 나오면서 생기는 증상입니다. 특히 동물성 식품을 많이 먹었던 사람은 피부가 가렵기도 하고, 과식을 했던 사람들은 그동안 간에 부담을 많이 줬었기 때문에 허리 부분이 아프기도 합니다. 이런 증상이 나타난다면 '몸에 필요 없는 것들이 밖으로 나가는구나'라고 생각하면 좋습니다. 이후 우리 몸은 리셋되어 최고의 면역력을 가진 깨끗한 몸으로 변화됩니다.

● **계량 도구 사용법**

1) 1C는 200ml를 말하며 액체류를 계량할 때 200ml가 넘치지 않을 정도로 가득 채운 것을 의미합니다.
2) 1T는 1큰술을 말하며 1큰술이라 할 때는 재료가 편편하게 깎아진 상태를 말합니다.
3) 1t는 1작은술을 말하며 역시 재료가 편편하게 깎아진 상태를 말합니다.

● **계량 도구 없을 때 계량하기**

1) 계량컵이나 계량스푼을 구하지 못했을 때는 집에 있는 스푼이나 컵을 이용합니다.
2) 1T는 15ml로 밥수저는 보통 10~12ml 정도 됩니다. 밥수저가 1T보다 다소 작으니 주의합니다. 따라서 1T는 1+1/3밥수저 정도의 양입니다.
3) 1계량컵은 200ml이며 종이컵 1개를 가득 채운 분량입니다. 일반적인 컵보다는 다소 작은 양이니 주의합니다.

● **껍질째 이용하는 채소 손질하기**

1) **당근, 우엉 세척하기**: 당근과 우엉은 껍질을 벗기지 않고 먹는데, 흙이 많이 묻어 있기 때문에 세척할 때는 채소 세척용 천이나 부드러운 수세미를 따로 준비합니다. 가로 방향으로 살살 문질러 가면서 씻는데 우엉은 생각보다 껍질이 약해 잘 벗겨지니 주의합니다.
2) **파 세척하기**: 파는 접혀져 있는 부분에 먼지와 불순물들이 많이 들어 있으므로 접혀 포개진 부분은 떼고 씻습니다. 또한 흰 부분의 껍질은 섬유질이 강해 소화가 안 되므로 두꺼운 것은 벗겨 내어 버립니다.

● **영양 손실 없이 썰기**

1) **양파**: 반으로 가른 후, 결 따라 잘라 주면, 양파가 가진 진액이 도마에 많이 새어 나오지 않습니다.
2) **무**: 껍질을 벗기지 않고 자르는데, 껍질 부분만 남지 않게 무 속과 껍질이 항상 붙어 있게 잘라 줍니다.
3) **양배추**: 양배추는 심과 잎을 분리하여 잘라 주고, 심은 단면이 잎의 두께와 같도록 채 썰어 줍니다.

4) **우엉**: 우엉은 국이나 수프에 넣을 때는 연필을 깎는 것처럼 돌려 깎고, 조림이나 볶음 등을 할 때는 주로 채 썹니다.

### ● 제대로 된 요리를 위한 식재료

1) **우엉**: 우엉은 열을 충분히 가하지 않으면 특유의 냄새가 납니다. 국이나 수프를 할 때 우엉에 참기름이나 기름을 조금 섞어 충분히 볶아 준 후 다른 재료들을 순서대로 볶아 주면 우엉의 고소한 맛을 제대로 느낄 수 있습니다.
2) **곤약**: 곤약은 전처리를 하지 않으면 냄새가 고약하고, 식감도 좋지 않습니다. 우선 곤약에 소금을 문질러 박박 씻은 후 10분 정도 그대로 두었다가 물로 씻은 후 끓는 물에 데쳐서 요리하면 맛있는 곤약 요리가 됩니다.
3) **양파**: 양파의 매운 맛은 열을 충분히 가하고 소금을 조금 뿌려 볶으면 단맛이 한껏 올라옵니다. 양파가 들어가는 요리는 양파를 가장 먼저 볶습니다.

### ● 항상 갖춰 두어야 할 식재료

면역력 밥상을 위해 아래 식재료들은 수시로 필요하니 항상 식재료가 떨어지지 않게 준비해 두는 것이 좋습니다.

1) **곡류 및 잡곡**: 현미, 깨, 팥, 조, 기장
2) **해조류**: 다시마, 톳, 김
3) **버섯류**: 표고버섯
4) **양념류**: 조선간장(국간장), 콩간장, 자연소금, 된장, 참기름, 들기름, 식초, 현미유, 올리브오일

### ● 주방에 없어야 하는 식재료

**설탕, 정제소금, 흰밀가루, 백미, 화학조미료**

위의 식재료들은 몸에 부담을 주어 면역력 상승에 해로운 식재료입니다. 설탕 대신 곡물이나 채소의 단맛을 이용한 요리 방법을 쓰고, 정제소금 대신 자연소금을 씁니다. 흰 밀가루 대신 우리밀로 된 통밀가루를 쓰고, 백

미 대신 오분도미나 현미를 씁니다. 화학조미료 없이 채수나 간장, 소금을 이용해도 얼마든지 맛있는 요리를 할 수 있어요.

### ● 장보기

면역력 밥상에는 무농약 친환경 농산물을 이용하는 것이 기본입니다. 친환경농산물이란 유기농산물과 무농약농산물입니다. 차이점은 두 가지 모두 유기합성농약을 일체 사용하지 않지만 무농약농산물은 화학비료를 권장 시비량의 1/3이내 사용하여 재배한 것을 말합니다. 식물은 비타민, 미네랄 및 수백 수천 종류의 식물 영양소를 함유하고 있습니다. 식물은 땅에 뿌리를 내린 채 스스로 이동할 수 없기 때문에 외부의 곤충, 동물, 자외선, 병원균 등의 공격으로부터 그대로 노출될 수밖에 없어요. 그래서 스스로를 보호하기 위해 안토시아닌, 폴리페놀과 같은 식물 영양소를 만들어 식물 본연의 면역력을 키웁니다. 그런데 농약을 통해 외부 공격을 인위적으로 차단하면 식물은 식물 영양소를 만들어 낼 이유가 사라지지요. 땅도 마찬가지입니다. 따라서 농약을 사용해 재배한 식물들은 농약성분 자체도 문제가 있지만 식물 고유의 영양분도 사라지게 합니다. 그러므로 유기농 친환경 농산물을 믿고 살 수 있는 곳이 꼭 필요합니다. 대표적인 친환경농산물 매장을 아래에 소개합니다. 식재료를 구입할 때 참고해 보세요.

#### 1) 생활협동조합

생산자와 소비자의 직거래로 소비자가 조합원으로 가입하여 함께 운영하는 형태로 일정 출자금과 조합비를 납부해야 이용할 수 있습니다. 곡물, 채소, 과일, 축산물, 장, 반찬 등의 기본 품목은 비슷하지만 가공식품이나 생활용품 등은 조금씩 다릅니다. 모두 친환경 위주의 제철 채소를 우선으로 하고 있습니다.

① 한살림

100% 국내산을 판매하는 것을 원칙으로 하고 있고, 지역마다 다르지만 인터넷 구매를 하면 주 1~2회 배송합니다. 가입비 3천 원과 출자금 3만 원을 내고 조합원으로 가입하면 제품을 구입할 수 있습니다.

홈페이지 www.hansalim.or.kr
전화번호 02-3498-3600

② 한국생협연대

아이쿱 생협연대로 매장명은 자연드림입니다. 가입 출자금 5만 원과 지역마다 다르지만 월 1만 원씩 조합비를 내면 일반가보다 20% 정도 할인된 조합원가로 구매할 수 있습니다.

홈페이지 www.icoop.or.kr
전화번호 1577-6009

③ 두레생협연합회

가입 시 출자금 3만 원이 있고, 주 1회 1천 원의 출자금이 부여됩니다. 그 주에 구매 내역에 없으면 부가되지 않습니다. 가입비는 지역에 따라 다릅니다. 조합원 가입 시 15% 정도 할인되지만 홈페이지에서는 조합원과 비조합원이 같은 가격에 구매할 수 있습니다.

홈페이지 www.dure-coop.or.kr
전화번호 1661-5110

2) 유기농 유통 전문 매장

다양한 친환경 상품을 많은 지역 매장에서 만날 수 있습니다. 친환경 유기농 제품을 전문으로 판매하며 전국에 매장을 두고 있습니다. 가입비나 출자금, 월 회비 없이 이용할 수 있어 편리합니다.

① 초록마을

홈페이지 www.choroc.com
전화번호 1544-6266

② 올가홀푸드

홈페이지 www.orga.co.kr
전화번호 080-596-0086

1

면역력 향상을 위해
가장 중요한

# ‘기본 요리와 면역 대응법’

1. 소화가 잘되는

# 현미밥 짓기

현미밥은 자연이 인간에게 주는 최고의 음식이라 해도 과언이 아닙니다. 생명을 유지하기 위해 필요한 탄수화물, 단백질, 지방, 비타민, 미네랄, 섬유소 등이 듬뿍 들어 있기 때문입니다.

한쪽에서는 현미밥이 소화가 잘 안 되고 섬유소가 영양분을 빼내 가기 때문에 어린이와 노인들에게는 오히려 좋지 않다는 주장을 펼치기도 하지만, 소화가 잘 안 된다고 느끼는 것은 현미밥을 잘못 지었기 때문입니다. 설익은 현미밥을 먹었기 때문에 소화가 안 되고 꺼끌꺼끌함을 느낀 것이지요.

현미밥을 짓기를 꺼리는 또 다른 이유는 현미밥을 하기 위해 현미를 불려야 하는 번거로움 때문입니다. 저도 현미밥 짓기 법을 제대로 알기 전에는 현미를 몇 시간 전에 담가 놓아야 하는 번거로움 때문에 현미밥 짓기가 늘 얕은 스트레스였어요.

아래 레시피를 따라 현미밥을 지어 보세요. 밥 짓는 재미, 밥 먹는 재미가 솔솔 식탁 위에 묻어날 거예요. 현미밥은 이 책의 모든 레시피 중에서 가장 중요하고, 기본이 되는 면역 요리입니다.

**맛있는 현미밥 짓기 전 미리 준비하기**

**유기농 현미** : 소량씩 조금만 사서 개봉 후에는 냉장 보관하는 것이 좋습니다. 4인 가족이면 보통 4kg의 유기농 현미를 구매해서 개봉 후에는 김치 냉장고 한편에 보관하고 먹습니다.

**압력밥솥, 이중 뚜껑 도자기 냄비** : 전기밥솥으로는 생명이 깃든 현미밥을 지어 먹기 힘듭니다. 압력밥솥이나 도자기 냄비는 한번 구매해 놓으면 10년 정도 쓸 수 있는 조리도구이므로 없었다면 꼭 구매하는 것이 좋아요. 주로 가을 겨울에는 압력밥솥, 봄 여름에는 도자기 냄비를 사용합니다.

## * 압력솥으로 짓기

**Ingredients**

재료 … 4인분
유기농현미 2C,
자연소금 1/5t,
물 2.5~3C
(물의 양은 솥에 따라 조금씩 달라지므로 가감한다.)

**tip** ✿ 처음 약불로 30분 정도 가열하는 것이 가장 중요합니다. 그 후 중불 다시 약불의 순서입니다.

**Recipe**

1. 현미는 부서진 것이나 이물질 등을 골라낸다. 의외로 이물이 많으니 꼭 골라내는 것이 좋다.
2. 정수된 물에 현미를 양손으로 비벼 가며 맑은 물이 나올 때까지 깨끗이 씻은 후 체에 밭쳐 두어 물기를 뺀다.
3. 압력솥에 현미와 물을 넣은 후 소금을 넣어 준다.
4. 약불로 30분 정도 가열한 후 중불로 불을 키우고 압력추가 세게 돌면 1~2분 후 다시 약불로 하여 20~30분 정도 더 익힌다.
5. 밥 익는 냄새를 확인하여 설익은 냄새가 사라지면 불을 끄고 압력이 모두 빠질 때까지 기다린다.
6. 압력이 모두 빠지면 뚜껑을 열고 4등분으로 나누어 잘 섞어 준 후 뚜껑을 닫고 10여 분간 뜸 들인다.

## * 이중 뚜껑 도자기 냄비로 짓기

**Ingredients**

**재료 … 4인분**
유기농현미 2C,
자연소금 1/5t,
물 3~3.5C
(물의 양은 솥에 따라 조금씩 달라지므로 가감한다.)

**Recipe**

1. 압력솥으로 짓기의 3번까지 동일하다.
2. 약불로 30~40분 정도 가열한 후 중불로 불을 키우고 김이 나면 1~2분 후 다시 약불로 하여 1시간 정도 더 익힌다.
3. 불에서 내려 밥을 잘 섞어 준 후 다시 뚜껑을 덮어 10분간 뜸 들인다.

# 채수 끓이기

밥과 국은 우리 식탁에서 빠질 수 없는 주식과 부식입니다. 국은 부식으로서의 의미 외에도 건강에 중요한 가치를 지니고 있습니다. 인체에 필요한 수분을 공급해 주고, 각종 미네랄 및 식물 영양소를 동시에 섭취할 수 있게 하기 때문이지요.

사람의 몸은 약 60%가 수분으로 되어 있습니다. 이 수분은 체내의 노폐물을 운반시키고, 대사에 관여하며 체온 조절을 하는 큰 역할을 합니다. 그러므로 염분기가 있는 국을 섭취하면 체내의 염분 균형이 잘 맞게 됩니다. 다만 너무 짜게 하지 않는 것이 중요하고, 평소에 육류 등 염분이 많은 음식을 섭취하는 경우에는 국의 염분기를 더욱 적게 해야 합니다.

채수는 면역 밥상의 모든 요리에 활용됩니다. 죽, 수프, 국 등에 주로 쓰이는데 특히 된장국은 계절에 상관없이 항상 다시마와 표고버섯 채수를 씁니다. 겨울에는 다시마 채수의 양을 늘리고, 여름에는 표고버섯의 양을 늘려 비율을 달리합니다. 채수를 이용해 만든 된장국은 현미에 없는 아미노산의 일부를 보충할 수 있고, 소화되기 쉬운 대두의 단백질을 부담 없이 섭취할 수 있어 현미밥과 찰떡궁합이에요.

# * 다시마 채수

**Ingredients**

**재료** … 다시마
3.5cm × 3.5cm 3개,
물 3C

**Recipe**

1. 다시마의 표면의 먼지는 마른 행주로 닦아 낸다.
2. 냄비에 다시마와 물을 넣고 약불로 끓인다.
3. 다시마가 불어나면서 색이 변하고, 냄비와 다시마에 작은 거품이 생기면, 불을 끄고 10분 정도 두었다가 다시마를 건져 낸다.

**healthy tip** ✿ 다시마는 감칠맛을 내는 아미노산, 중금속을 배출하는 알긴산을 비롯하여 각종 미네랄을 함유하고 있습니다. 끓이지 않고 물에 담가 둘 경우 보관 병에 다시마와 물을 넣고, 7~8시간 정도 둡니다. 겨울에는 실온에서 여름에는 냉장고에서 보관하는 것이 좋습니다.

# * 표고버섯 채수

**Ingredients**

**재료** … 마른 표고버섯 3개, 물 3C

**Recipe**

1. 마른 표고버섯의 먼지는 갓 부분을 톡톡 두드려 털어 낸다.
2. 냄비에 표고버섯과 물을 넣고, 뚜껑을 닫고 중불로 끓인다.
3. 끓어오르면 뚜껑을 열고, 중약불로 줄여 버섯의 냄새가 좋은 냄새로 바뀔 때까지 (물이 1.5~2C이 될 때까지) 끓인다.

**healthy tip** ✿ 표고버섯은 면역력을 증강시키는 베타글루칸이 풍부하고, 칼륨, 엽산 등의 미네랄 및 비타민이 풍부합니다. 특히 건표고버섯에는 비타민D의 함량이 높습니다.

* **다시마 표고버섯 채수** : 다시마 표고버섯 채수는 다시마 채수와 표고버섯 채수를 섞은 채수입니다. 다시마와 표고버섯의 유효성분이 나오는 방법이 각각 다르기 때문에 조금 귀찮더라도 따로 내는 게 좋습니다. 채수로 요리를 해보면 그 맛의 진가를 알게 될 거예요. 다시마 채수와 표고버섯 채수를 5:5 또는 7:3의 비율로 섞습니다. 보통 겨울철에는 다시마 채수의 비율을 높이고, 여름철에는 표고버섯 채수의 비율을 높입니다.

# 깨소금 만들기

깨소금에는 칼슘이 풍부하게 들어 있어 뼈를 튼튼하게 해줍니다. 소금은 세포와 혈관을 끌어 잡아당기는 성질이 있는 반면, 깨는 느슨하게 해주는 식재료예요. 두 재료를 조화롭게 섞은 깨소금은 몸의 밸런스를 맞추는 데 도움이 됩니다. 기본적인 비율은 깨 8, 소금 2이지만, 고령자나 어린이는 깨 10, 소금 1 정도의 비율로 하여 먹습니다. 깨소금은 현미밥에 조금씩 올려 먹으면 좋습니다.

## * 깨소금

## Recipe

1. 깨는 더러운 것들을 골라내고 깨끗이 씻은 후 체에서 물기를 제거한다. 깨끗한 천에 옮겨 완전히 건조시킨다.
2. 팬에 소금을 넣어 수분을 날려 주는 느낌으로 볶고, 절구에 넣어 고운 가루가 될 때까지 갈아 준다.
3. 작은 팬을 달구어 깨를 1~2T 정도 넣는다. 깨가 부풀어지고 한두 개씩 튀어 올라오기 시작하면 깨를 엄지와 검지로 비벼 본다. 쉽게 부서지면서 속이 하얗게 되면 불에서 내린다. 쉽게 탈 수 있으니 주의한다.
4. 절구에 깨를 넣고 좋은 냄새가 날 때까지 가볍게 갈아 주다가 2의 소금을 넣어 가볍게 섞어 주듯 간다. 너무 세게 저으면 깨에서 기름이 나와 끈적끈적해지므로 주의한다.
5. 뚜껑이 있는 병에 넣어 냉장고에서 보관한다.

## Ingredients

**재료** … 깨
(검은깨 혹은 참깨) 8T,
소금 2T

# 감기 체질 개선법

* **조혈작용**: 생물체의 기관에서 피를 만들어내는 작용

현미밥과 **조혈작용***으로 체온을 높여 주는 된장, 혈류를 좋게 하는 파를 더한 파된장죽은 몸을 따뜻하게 해줍니다. 또한 소화흡수가 잘 되기 때문에 면역력이 약해져 감기에 잘 걸리고, 늘 피로감을 느낄 때 먹으면 좋습니다. 더불어 매일 족욕을 해주면 혈액순환이 잘 될 뿐만 아니라, 면역력이 상승합니다. 족욕은 평소 손발이 찬 냉증 환자에게도 좋습니다.

## * 생강족욕

**Ingredients**

**재료** … 생강 200g,
(또는 소금 3T),
면포(다시백),
대야, 주전자

**Recipe**

1. 물의 온도가 38~40도 정도 되도록 따뜻하게 데운다.
   **참고** • 체온보다 약간 따뜻한 정도이다.
2. 생강은 강판이나 믹서에 갈아서 면포에 싸고 새어 나오지 않게 윗부분을 잘 동여맨다.
   **참고** • 국물용 다시백 같은 것을 이용해도 좋다.
3. 주전자에는 따뜻한 물을 넣어 둔다.
4. 대야에 물과 2의 생강 또는 소금을 넣고 발을 담근다. 발은 무릎 밑까지 담그는 것이 좋다.
5. 물이 식으면 주전자의 따뜻한 물을 채워 준다.

## ✻ 파된장죽

**Ingredients**

**재료** … 현미밥 1C,
된장 1T,
물 10C
(현미밥의 10배),
대파 1/2개

**Recipe**

1. 된장 1T와 현미밥 1C를 준비하고, 대파는 송송 썰어 둔다.
2. 냄비에 현미밥과 물을 넣고 중불로 가열한 후 끓어오르면 약불로 줄여 30분 정도 더 익힌다.
3. 1에 된장을 넣어 약 10분 정도 더 끓인다.
4. 미리 썰어 둔 대파를 넣고 뚜껑을 덮은 뒤 10분 정도 끓인다.

**healthy tip** ✿ 파 대신 부추 1/4단을 사용해도 좋아요. 열이 나는 경우에는 파를 끓이지 않고, 죽을 그릇에 옮겨 놓은 뒤 파를 올려 섞어 먹습니다.

# 완화하기

**등짝이 아픈 몸살감기**

열이 나면서 마른기침, 누런 콧물과 가래가 나오는 감기는 지나친 스트레스 축적 및 과로로 인해 생겨납니다. 열이 난다면 우선 무탕을 마시고 이불을 덮고 땀을 흘리면서 푹 자야 합니다. 또한 등이나 어깨처럼 온몸이 욱신욱신 쑤실 때는 표고버섯차를 마시면 증상 완화에 도움이 됩니다.

## * 표고버섯차

**Ingredients**

**재료** … 마른표고버섯 4~5개, 물 3C, 조선간장 1~2T

**Recipe**

1. 냄비에 버섯과 물을 넣고 뚜껑을 덮고 끓이다가 끓기 시작하면 뚜껑을 열고 약불로 줄여 20~30분 더 뭉근히 끓인다.
2. 버섯을 건져 내고 컵에 국물을 따라 간장을 넣어 섞은 후 마신다.

# * 무탕

**Ingredients**

**재료** … 무 1/2C,
뜨거운 물 2C,
소금

**Recipe**

무를 갈아 그릇에 넣은 후 뜨거운 물을 붓고, 소금(또는 조선간장)을 조금 넣어 마신다.

**healthy tip** ● 38도 이상의 고열이 날 때 마십니다. 5분 정도 지나면 전신에 땀이 나면서 열이 내려갑니다. 열이 내렸는데도 계속 먹으면 몸이 가라앉을 정도로 작용이 큽니다. 3일 이상 마시지 않도록 합니다.

### 오한, 맑은 콧물이 나는 감기

평소 빵과 커피, 밀가루 음식, 과일을 많이 먹는 사람이 자주 걸리는 감기입니다. 이때 현미와 된장국을 하루에 한 끼 이상 먹으면 좋습니다. 오한이 나면서 맑은 콧물이 흐르는 감기에 걸린 경우 간장번차나 우메보시번차를 함께하면 더욱 좋습니다.

## * 우메보시번차

**Ingredients**

**재료** … 삼년번차 180ml,
우메보시 1개,
간장 1t,
생강즙 1~3방울

**tip** ✿ 삼년번차는 녹차의 줄기와 잎을 말린 차로 주로 일본에서 판매합니다. 삼년번차가 없는 경우 녹차 또는 현미차를 이용합니다.

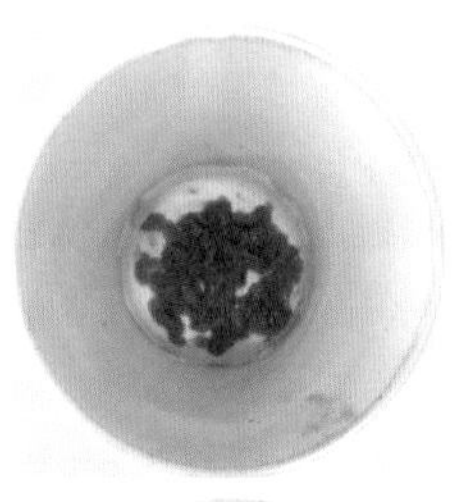

**Recipe**

1. 컵에 우메보시를 넣고, 젓가락으로 우메보시를 잘게 찢어 놓는다.
2. 1의 컵에 뜨거운 삼년번차, 간장과 생강즙을 넣고 젓가락으로 섞은 후 뜨거울 때 마신다.

### 기침이 심한 감기

땅 밑에서 줄기가 자라는 연근은 땅속에서 산소를 끌어당기는 힘이 강력합니다. 연근은 사람의 폐와 같이 구멍이 송송 뚫려 있는데 신기하게도 폐와 관련된 질환에 증상을 완화해 줍니다. 연근탕은 감기로 인한 기침, 인후통, 천식, 폐결핵이나 숨이 가쁜 증상이 있을 때 먹어 주면 좋습니다.

## * 연근탕

**Ingredients**

**재료** … 연근즙 3T,
생강즙 2~3방울,
물 6~9T
(연근즙의 2~3배)

**Recipe**

1. 연근과 생강의 즙을 낸다.
2. 냄비에 재료를 모두 넣고 가스 불을 켠 후 끓어오르면 바로 불을 끈다.

**tip** ✿ 연근과 생강은 강판에 갈아 면포에 짜서 즙만 이용합니다. 한 번에 모두 마시기 어려우면 보온병에 넣어 두었다가 2~3회에 걸쳐 나누어 마십니다.

# 속 달래기

속이 더부룩할 때는 몸이 산성화가 된 상태입니다. 깨소금이나 무 간 것, 우메보시 오븐 구이가 좋습니다. 평소 위하수가 있거나 체기가 있는 사람은 무를 간 것보다는 깨소금이 좋습니다. 식사할 때 신물이 올라오거나 토기가 있는 경우에는 위산 과다증일 수도 있으므로 이때는 현미밥에 깨소금을 얹고, 무 간 것을 같이 먹으면 도움이 됩니다. 체했을 때는 굶는 것보다 8시간 동안 끓인 현미죽을 먹는 것이 좋습니다. 소화 흡수도 잘 되고, 기력을 떨어뜨리지 않습니다.

## * 우메보시오븐구이

**Ingredients**

**재료** … 우메보시 적당량

**tip** ✿ 수험생이나 머리를 많이 쓰는 사람들이 1일 1~3회 새끼손톱 1/3가량의 우메보시 가루를 소주잔 분량의 된장국이나 차에 넣어 매일 먹으면 특히 좋습니다.

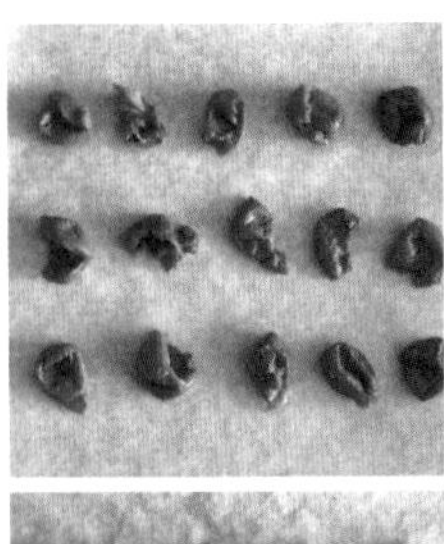

**Recipe**

1. 씨를 뺀 우메보시를 180도의 오븐에 1시간 정도 굽는다.
2. 색이 검게 변하고, 파삭파삭한 상태가 된 우메보시를 핸드 블렌더나 믹서로 갈아 보관 용기에 보관한다.

## 우메보시 만드는 법

**Ingredients**

**재료** … 매실 4kg,
소금(사전절임용) 600g,
증류주(소주) 100cc

**Recipe**

1. 매실 꼭지 및 꼭지 부위에 붙어 있는 잔가지를 이쑤시개로 제거하고, 매실을 물로 씻은 후 1시간 정도 물에 담가 놓는다.
2. 매실을 체에 밭쳐 서늘한 곳에서 물기를 완전히 빼준다.
3. 매실을 담글 병과 누름틀을 뜨거운 물에 깨끗이 소독한다.
4. 잘 소독한 병에 소금을 넣고 매실을 넣고, 다시 소금을 넣고, 매실을 넣는 식으로 층층이 소금과 매실을 넣는다. 맨 위에는 소금이 올라오게 한 후 증류주를 넣어 매실과 소금이 잘 섞이도록 한다. 소금이 녹으면 매실이 위에 뜰 수 있으므로 누름틀로 눌러 준다.
5. 4를 하루에 2번 정도 흔들어 주는 것을 3~4일 반복한 후 누름틀의 무게를 줄여 뚜껑을 덮고, 서늘하고 그늘진 곳에 보관한다.
6. 5의 매실을 1개월 정도 보관한 후 날씨가 좋은 날 매실을 꺼내어 체에 밭친 후 햇볕에 말린다.
7. 하루에 한 번 정도 매실을 뒤집어 주고, 3~4일을 반복한다. 과육이 원래 매실의 1/2정도로 줄어들면 완성이다.
8. 건조된 과육을 소독한 유리병이나 도자기 등의 밀폐용기에 넣고 냉장고에 보관 후 2~3개월 뒤부터 먹는다.

**tip** ✿ 우메보시는 매실장아찌를 말합니다. '매실'을 뜻하는 '우메'와 '건조'를 뜻하는 '보시'가 합쳐진 일본말이지요. 워낙 유명한 일본 음식이라 우메보시를 일본 음식이라고 알고 있지만, 우리나라 고서에도 우메보시의 흔적이 있습니다. 다만, 비싼 소금 가격으로 우메보시를 만들 수 없게 되면서 점차 사라진 것으로 보입니다. 우메보시는 6월에 나오는 황매실로 만드는데 만드는 일이 만만치 않습니다. 시중에서도 국내산 우메보시를 판매하고 있으니 인터넷 쇼핑몰을 이용해도 좋습니다.

2

겨우내 쌓인 노폐물을 내보내는

# '봄'

# 요리 재료

**곡류** : 율무, 보리, 완두콩, 팥, 검정깨, 메밀

**채소** : 쑥, 냉이, 씀바귀, 샐러리, 달래, 풋마늘, 두릅, 유채, 참나물, 양배추, 브로콜리, 원추리, 민들레, 대파, 더덕, 취나물, 우엉, 콩나물, 고사리, 미나리, 죽순, 부추, 얼갈이, 당근, 피망, 비름나물, 시금치, 산마, 콜리플라워, 애호박

**버섯** : 목이버섯, 은이버섯, 표고버섯, 새송이버섯

**해초** : 김, 미역, 다시마, 톳, 모자반

**과일** : 딸기, 한라봉

**해산물** : 바지락, 주꾸미, 도미, 소라, 백합

# 요리 포인트

봄은 겨울 동안 응축되어 있던 에너지를 배출하는 계절입니다. 닫혀 있던 모공이 서서히 열리고, 간이 활동을 시작하면서 겨우내 쌓인 지방과 염분 및 노폐물을 내보냅니다. 우주의 질서가 그러하듯 봄은 노폐물을 잘 배설할 수 있도록 섬유질이 풍부한 잎채소 및 산야초들을 자연에 흩트려 놓습니다. 미나리, 쑥과 같은 봄 채소들은 땅을 뚫고 올라올 정도로 강한 에너지로 몸 구석구석 세포 안까지 들어가 노폐물을 분해, 배출시키고 혈액을 정화합니다.

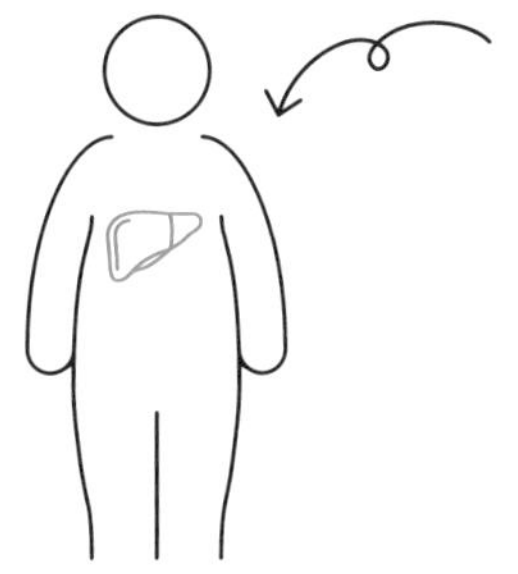

봄은 장기로 보았을 때 간에 해당하는 계절입니다. 따라서 간과 관련된 눈 질환, 어지럼증, 두통 등이 잘 발생하고, 간염을 앓았던 사람은 간 부위에 통증을 느끼기도 합니다. 그러므로 봄철에는 간에 부담이 되는 음식은 삼가야 합니다. 봄 요리의 포인트는 튀김, 토스트와 같이 기름지고 딱딱한 음식보다는 몸을 이완시켜 주는 조리법인 찜이나 데치기, 삶기 등 수분을 이용한 것이 좋습니다. 또한 겨울보다 조리 시간을 짧게 하고 담백한 식재료를 이용합니다.

봄은 생채소 샐러드가 먹고 싶어지는 계절이지만 의외로 겨울보다 초봄에 더 감기에 걸리기 쉽습니다. 날이 풀려 성급하게 옷차림을 가볍게 하거나, 찬 음식을 먹기 때문이에요. 체온이 낮아질수록 면역력이 떨어지고, 체온이 올라갈수록 면역력이 올라갑니다. 체온을 낮추는 생채소보다는 살짝 열을 가한 형태로 먹어 주는 것이 좋고, 소금이나 간장, 된장으로 양기를 주는 것이 좋습니다. 날씨가 따뜻해지는 봄과 여름에도 되도록 음식을 통해 따뜻한 에너지를 받아들여야 면역력을 지킬 수 있습니다.

**봄 요리의 핵심**

① 간에 부담을 주지 않는 소화가 잘되는 음식 위주로 먹는다.
② 생채소보다는 찌거나 데치거나 삶아서 익혀 먹는 것이 좋고, 생채소는 간장이나 소금을 더해 먹는다.
③ 봄의 된장국은 채소를 채수나 물에 살짝 볶은 후 채수와 된장을 넣고 끓인다.

수분이 많은 국물 요리를 할 때는 채소의 수분기가 가장 잘 나올 수 있도록 결의 반대로 썰어 줍니다. 예를 들어 겨울에는 당근을 썰 때 반달썰기를 했다면 봄에는 네모썰기를 합니다. 또한 이완의 에너지를 이용해야 하므로 채 썰기를 해도 겨울보다 조금 더 두껍고 길게 썹니다. 겨울의 된장국은 채소를 참기름이나 현미유에 볶고 열을 오래 가했다면, 봄에는 채수나 물에 살짝 볶은 후 채수와 된장을 넣고 끓입니다.

봄에 독소와 노폐물을 제거하지 못하면 1년을 피곤한 몸으로 고생할 수 있습니다. 봄맞이 대청소를 하듯 몸속의 먼지도 깔끔히 청소해 보세요.

# * 봄 된장국

**healthy tip** ✿ 봄이 되면 간이 몸을 청소하기 시작합니다. 이 시기에 독소 배출에 좋은 해조류나 야채를 먹으면 간의 대청소를 도울 수 있어요. 모자반은 톳과 비슷한 모양인 해초의 한 종류로 식이섬유와 미네랄이 풍부하여 대장 구석구석을 청소해 줍니다. 3~4월이 제철이므로 한 번은 꼭 먹어 보세요. 고춧가루는 기호나 건강 상태에 따라 더 넣거나 생략할 수 있습니다.

## Recipe

1. 모자반은 깨끗이 씻어 뜨거운 물에 데친 후 간장을 조금 뿌려 둔다.
2. 콩나물은 깨끗이 씻어 둔다.
3. 양파는 결 따라 얇게 썰어 두고, 대파는 채 썰어 둔다.
4. 냄비에 채수를 조금 넣고, 양파와 대파의 흰 부분을 넣어 볶다가 콩나물과 채수를 자박하게 넣어 끓이다가 한소끔 끓어오르면 나머지 채수와 느타리버섯, 마늘, 고춧가루, 된장을 넣고 끓인다.
5. 된장이 끓어오르면 모자반, 대파의 파란 부분을 넣고 한소끔 더 끓인다.

## Ingredients

**재료 … 4인분**
염장 모자반 100g,
양파 60g
(중간 크기 1/2개),
콩나물 70g,
느타리버섯 50g,
대파 20g,
다진 마늘 1/2t,
채수5C,
고춧가루 1t,
된장 2T, 간장

*

# 당근잣찜

**Ingredients**

**재료** … 당근(중) 1개,
소금 약간,
올리브오일 1t,
레몬즙 2t,
잣 20알

**healthy tip** ● 당근은 볶듯이 오래 익힐수록 단맛이 납니다. '불에 익히기만 했는데 이렇게 달까?' 하고 생각할 정도로 맛있고, 잣과 함께 어우러져 비타민, 미네랄, 지방, 단백질 보충에 특히 좋습니다.

**Recipe**

1. 당근은 채 썰어 소금을 뿌려 두고, 잣은 다진다.
2. 채 썬 당근을 냄비에 넣어 찌듯이 오래 익힌다.
3. 당근이 맛있는 냄새가 나며 익으면 불을 끄고 올리브오일과 레몬즙으로 버무린 후 마지막에 잣을 넣고 한 번 더 버무린다.

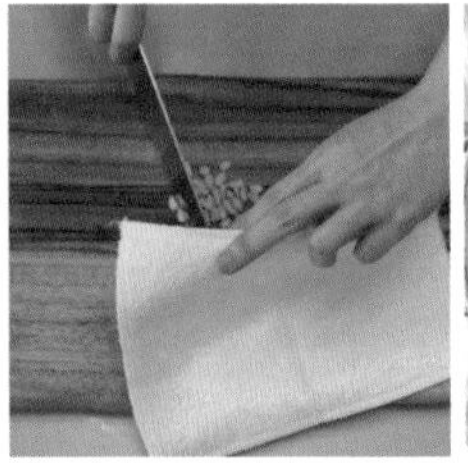

*

# 달래새우전

## Ingredients

재료 … 달래 50g,
새우 12개,
당근 20g,
생강채 적당량,
우리밀 통밀가루,
소금, 물, 현미유, 초간장

tip ✿ 새우의 담백함과 달래의 상큼함이 생강과 어우러져 깔끔한 맛이 납니다. 생강채는 생강을 채 썰어 매실식초와 소금에 절인 것으로, 없을 때는 간장에 생강을 채 썰어 넣어 올리는 것도 좋습니다.

## Recipe

1. 달래는 동그라미 모양으로 돌돌 말아 준다. 새우는 깨끗이 씻어 소금을 조금 뿌려 둔다. 당근은 잘게 다진다.
2. 밀가루에 소금, 찬물을 섞어 반죽을 만든 후 1의 당근을 섞어 둔다.
3. 달궈진 팬에 기름을 두르고, 1의 달래를 올려, 그 안에 새우를 넣은 후 4의 반죽을 넣고 부친다. 노릇하게 구워지면 생강채를 올리고, 초간장과 함께 내놓는다.

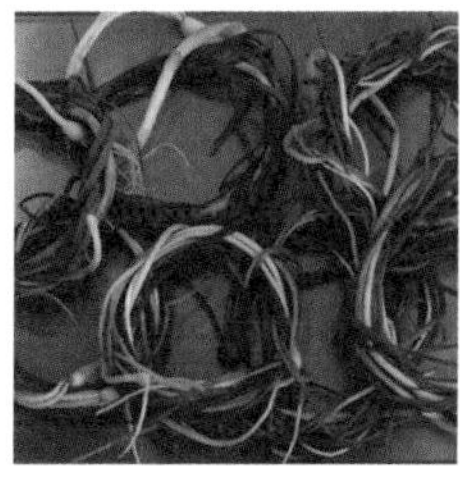

# * 애호박당근 두부조림

**tip** ✿ 당근은 충분히 볶고, 호박은 살짝 볶은 후 조림장에 약불로 조려야 맛있습니다.

### Ingredients

**재료** … **4인분**
두부 1모,
애호박 1/4개,
당근 1/4개,
고수 3줄기
(다른 허브로 대체 가능),
현미유,
소금

**조림장** 맛간장 2.5T,
마늘 2쪽,
채 썬 양파 1/2개,
채수 1C

### Recipe

1. 두부는 위에 무거운 것을 올려 놓아 물기를 제거한 후 4×5cm 크기로 도톰하게 썬다.
2. 애호박, 당근, 양파는 채 썰고, 고수는 0.5cm 간격으로 자른다. 마늘은 편 썬다.
3. 팬에 기름을 두르고 당근과 애호박을 소금을 조금 뿌려 가며 볶는다.
4. 3의 팬에 조림장과 두부를 넣고 보글보글 조린다.
5. 불을 끄고 고수를 넣는다. 이때 고수는 다른 허브로 대체할 수 있다.

**| 맛간장 만들기 |**

**재료**… 진간장 2C, 조선간장 2C, 물 1C, 다시마(3×5cm) 2장, 마른표고버섯 2개, 생강 2쪽, 양파 1개, 배 또는 사과 1개, 마른홍고추 2개, 대파 1/2개

양파는 껍질을 벗기고 4등분, 배 또는 사과는 껍질째 4등분, 생강도 껍질째로 모든 재료를 넣고 중불에 끓이다가 끓어오르면 약불로 30분 정도 뭉근히 끓인 후 식혀서 냉장 보관하며 먹는다.

# *
# 톳콩나물무침

**Ingredients**

**재료 … 4인분**
찐 톳 25g,
콩나물 300g,
당근 50g,
간장 2T, 물 적당량,
깨소금

**healthy tip** ✿ 톳은 칼슘, 칼륨, 요오드 등의 무기질이 풍부합니다. 특히 톳에 들어 있는 철분은 시금치의 3~4배가 되므로 빈혈 증세가 있는 사람에게 좋습니다. 톳을 싫어하는 사람도 아삭한 콩나물과 함께 요리하면 거부감 없이 맛있게 먹을 수 있어요.

**Recipe**

1. 찐 톳은 물로 가볍게 헹군 후 3~4cm 길이로 잘라 물기를 빼주고, 당근은 채 썬다.
2. 콩나물은 끓는 물에 데친다. 달구어진 냄비에 당근을 볶은 후 톳을 넣어 함께 볶아 준다. 탈 것 같으면 물을 조금씩 넣어 주며 볶는다.
3. 2에 물을 자박하게 넣어 한소끔 끓인 후 톳이 부드러워지면 간장을 넣어 물기가 없어질 때까지 조린다.
4. 2의 콩나물을 넣고 3과 잘 섞어 준다. 싱거우면 깨소금으로 간을 한다.

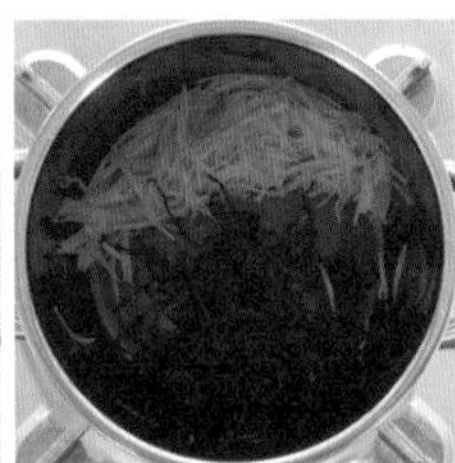
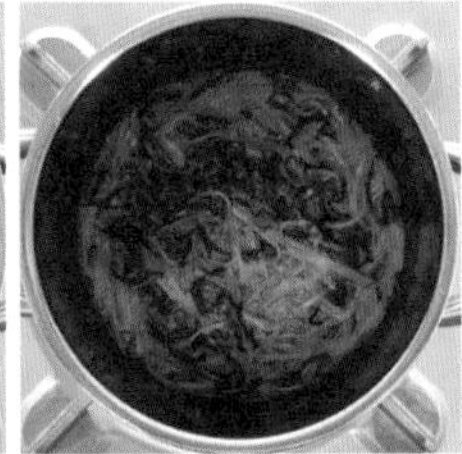

*

# 구운두부 버섯카나페

## Ingredients

**재료** … 4인분
두부 1모, 숙주 50g,
표고버섯 3개
(채수 우리고 남은 것),
쪽파 2T, 현미유,
소금, 간장

**양념장** 된장 1T, 채수 2T,
볶은 참깨 1T, 레몬즙 1T

**tip** ✿ 쪽파 대신 다진 달래를 넣어도 좋습니다. 간장을 뿌리지 않으면 버섯 특유의 비린 냄새가 날 수 있어요. 하지만 된장 소스가 있으므로 버섯을 볶을 때 간장을 아주 조금만 넣습니다. 두부는 굽지 않고, 끓는 물에 데쳐서 물기를 뺀 후 먹어도 좋습니다.

## Recipe

1. 두부는 위에 무거운 것을 올려 두어 물기를 뺀 후, 전체를 8등분으로 두껍게 썬다.
2. 숙주는 소금물에 깨끗이 씻어 내고, 쪽파는 송송 썰어 둔다. 표고버섯은 얇게 채 썰어 간장에 버무려 놓는다.
3. 팬에 현미유를 두르고 두부를 구워 낸다.
4. 숙주에 소금을 조금 뿌리며 볶다가 3의 표고버섯을 같이 볶는다. 양념장을 만들어 1의 두부에 올리고, 표고버섯과 숙주를 올린 후 쪽파를 얹는다.

*

# 봄의 김밥

## Ingredients

**재료 … 4인분**
현미밥 4그릇,
김 5장,
당근 30g,
표고버섯 4송이,
두부소스 나물 100g,
간장 1T, 현미식초, 물

**tip** ✿ 김밥의 원래 목적은 밥을 먹기 위한 것입니다. 고명은 세 가지 정도만 하여 밥이 전체의 60% 정도 차지하게 합니다. 참기름은 금방 산패되기 때문에 시간을 두고 먹어야 하는 경우에는 되도록 넣지 않습니다.

## Recipe

1. 현미밥은 고슬고슬하게 지어 현미식초와 소금을 조금 뿌려 둔다.
2. 당근은 두껍게 채 썰어 냄비에 찌듯이 익힌다. 표고버섯은 채 썰어 물을 자박하게 넣어 끓인 후 간장을 넣어 물기가 없어질 때까지 조린다.
3. 두부소스 나물(081쪽을 참고하되 봄나물 사용)을 준비한다.
4. 김에 현미밥을 깔고 당근, 버섯, 나물을 넣어 말아 준다. 수분이 있는 행주에 칼을 닦아 가며 썰어 준다.

*

# 연근찹스테이크

### Ingredients

**재료** … 연근 300g,
파프리카(빨강, 노랑) 각 1개,
마늘 2~3쪽,
현미유,
후추, 소금,
바질, 물

**tip** ✿ 연근은 죽, 국, 조림, 볶음 등 다양하게 쓰일 수 있지만 소금 하나로 간단하게 해 먹을 수도 있습니다. 오래 볶지 않고 아삭한 식감이 나도록 볶습니다.

### Recipe

1. 연근은 3mm 정도의 굵기로 썰고, 크기가 크면 1/2 또는 1/4로 더 자른다.
2. 파프리카는 먹기 좋은 크기로 자르고, 마늘은 편 썰기 한다.
3. 팬에 기름을 두르고 마늘 기름을 낸 후 소금을 뿌려 가며 연근을 중불에 볶는다. 연근이 어느 정도 익으면 물을 조금 넣어 뚜껑을 덮고 2~3분 정도 익힌다.
4. 3에 파프리카와 후추, 바질을 넣고 센불로 한 번 더 볶아 낸다.

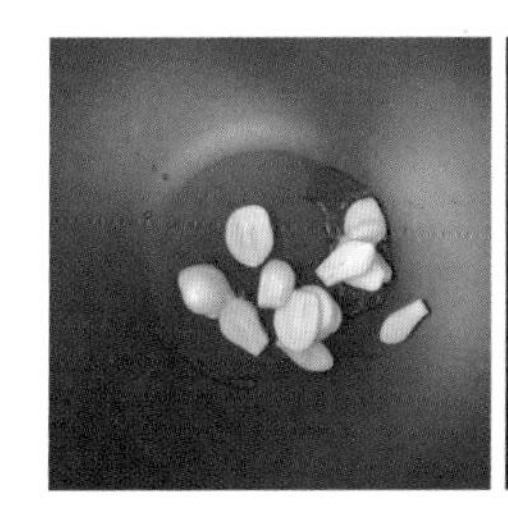

# * 봄의 팔보채

**healthy tip** ✿ 봄과 가을에는 팔보채의 채소를 볶고, 여름에는 찌고, 겨울에는 채소를 구운 후 소스를 끼얹어 조리합니다. 봄의 팔보채는 채소의 아삭함이 있어야 맛있어요. 집에 남아 있는 채소를 이용해도 좋고, 오징어 대신 다른 해산물을 이용해도 좋습니다. 또는 해산물은 생략해도 괜찮아요.

## Recipe

1. 오징어는 한입 크기로 썰어 둔다. 양파는 링 썰기, 표고버섯은 결 따라 은행잎 썰기, 목이버섯은 건조된 경우 물에 한 번 씻어 불린 후 손으로 찢어 둔다.
2. 청경채는 송이가 큰 경우 세로로 2~4등분한다. 당근과 미니파프리카는 나박 썰기, 유부는 채 썰기, 대파는 어슷썰기 한다.
3. 생강은 편썰기 하고, 건홍고추는 씨를 빼고 가위로 2~3등분 자른다.
4. 달구어진 팬에 유부를 재빨리 볶은 후 건져 낸다. 다시 팬에 현미유를 조금 두르고 생강과 마른고추를 넣어 생강 고추기름을 낸다.
5. 4에 오징어를 센불에 살짝 볶아 건져 낸다.
6. 4의 팬에 양파와 파를 넣어 볶다가 당근, 표고버섯, 목이버섯을 볶아 건져 낸다. 당근을 볶을 때에는 소금을 조금 넣어 주고, 버섯을 볶을 때에는 간장을 조금 뿌려 주어야 맛있게 볶아진다.
7. 6의 팬에 껍질콩과 미니파프리카, 청경채를 센불에 재빠르게 볶은 후 볶아 놓은 모든 재료와 양념장을 넣고 한소끔 끓인다.
8. 끓어오르면 칡전분물을 넣어 걸쭉하게 한다.

## Ingredients

**재료** … **4인분**
오징어(소) 1마리,
양파 1/2개,
당근 50g,
표고버섯 2송이,
목이버섯 8송이,
유부 5개,
청경채 150g,
미니파프리카 3개,
껍질콩 10개, 생강 1쪽,
건홍고추 1개, 현미유

**양념장** 참기름 2t, 채수 1/2C,
간장 2t, 소금

**전분물** 칡선분 2T+물 2T

## ✽ 봄의 청국장

**healthy tip** ✿ 청국장은 발효 시간이 짧아 단맛이 있으므로 함께하는 재료에 당근이나 양파 등 단맛이 나는 것은 피합니다. 청국장을 먹고 가스가 찬다면 신김치를 같이 넣어 요리해 보세요. 확산의 성질로 가스를 빠르게 배출해 줍니다. 기호에 따라 고춧가루를 조금 넣어도 좋고, 소금으로 간을 하면 청국장 특유의 쓴맛을 제거할 수 있습니다.

### Ingredients

**재료 … 4인분**

청국장 150g,
무 100g,
김치(신김치) 150g,
두부 1모,
달래 20g,
물 3.5C,
소금

### Recipe

1. 두부는 끓는 물에 데친 후 물기를 빼고, 사방 1cm 길이로 썬다.
2. 무는 나박 썰기 하고, 김치는 2cm 길이로 썬다.
3. 달래는 1cm 길이로 썬다.
4. 냄비에 무를 넣고 물을 조금씩 넣어 가며 볶다가 김치를 넣고 타지 않게 물을 조금씩 넣어 가며 볶는다.
5. 4에 물을 자박하게 넣어 끓어오르면 남은 물과 청국장을 넣고 뚜껑을 덮지 않은 채로 끓인다.
6. 한소끔 끓어오르면 두부를 넣고 싱거우면 소금으로 간한다.
7. 불을 끄고 달래를 넣는다.

# * 유부채소말이

**tip** ✿ 채소를 채 썰 때는 유부로 말았을 때 튀어나오지 않도록 유부 길이에 맞춰 자릅니다. 채소는 계절에 따라 제철 채소를 이용합니다.

Ingredients

**재료** ··· **4인분**
생유부 8장,
다시마 3장,
당근 20g,
양파 1/4개,
파프리카 1/4개,
시금치 30g,
소금

**조림장** 간장 1t, 채수 4T,
청주 1/2T, 조청 1/2t

Recipe

1. 생유부는 삼면을 가위로 잘라 펴둔다.
2. 냄비에 다시마를 깔고, 생유부와 조림장을 넣어 조린다.
3. 당근과 양파, 파프리카는 채 썬 후, 팬에 기름을 두른 후 소금을 뿌려 볶는다.
4. 시금치는 끓는 소금물에 데친 후 5cm 길이로 썰어 둔다.
5. 2의 조린 유부에 모든 채소를 얹고 돌돌 말아 반으로 한 번 더 잘라 준다.

*

# 양배추호두무침

**Ingredients**

재료 … 양배추 300g,
쪽파 40g,
호두 3알,
간장,
소금

**Recipe**

1. 양배추는 끓는 물에 소금을 넣고 데친 후 줄기는 채 썰고, 잎은 3cm 길이로 자른다.
2. 쪽파도 끓는 물에 데친 후 3cm 길이로 자른다.
3. 호두는 손으로 잘게 부순 후 팬에 볶아 절구에 빻은 후 간장으로 간한다.
4. 1,2,3을 볼에 섞고 소금으로 간한다.

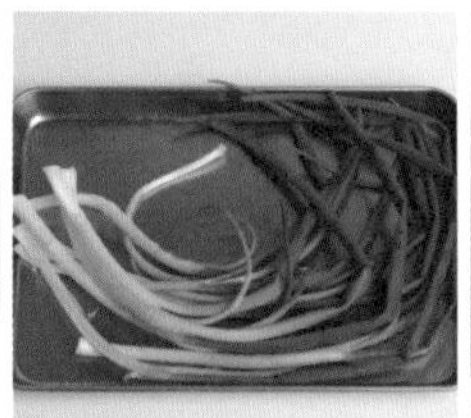

*
# 미역쪽파무침

## Ingredients

**재료** … 건미역 5g,
쪽파 120g,
홍고추 1/2개

**양념장** 된장 1T,
간장 1/2t,
현미식초 1t

## Recipe

1. 미역은 끓는 물에 살짝 데친 후 한입 크기로 잘라 둔다.
2. 쪽파는 살짝 데쳐 물기를 뺀 후 4cm 길이로 자른다.
3. 1과 2를 양념장에 잘 버무린다.

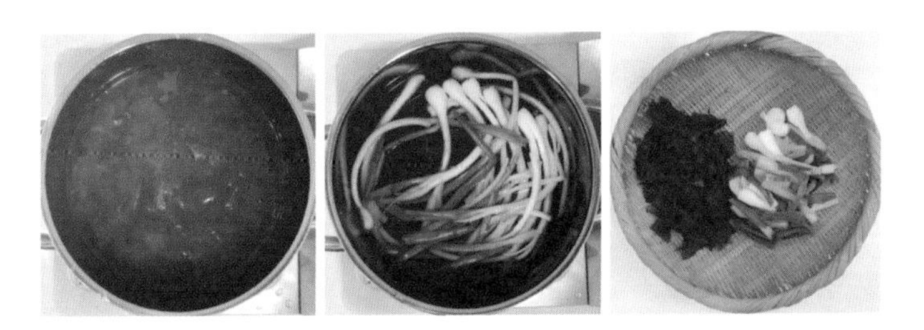

*

# 래디시곤약 미역무침

### Ingredients

**재료** … 쇠미역 160g, 곤약 50g, 래디시 3개

**양념장** 된장 1/2T, 고추장 1t, 참기름 1t, 다진마늘 1t, 다진파 1t, 현미식초 1/2T

**healthy tip** 곤약과 미역은 식이섬유가 풍부해 장을 부드럽게 하여 배변 활동을 돕고, 피를 맑게 합니다. 래디시는 뿌리와 잎채소를 같이 먹을 수 있어 일물전체의 바람직한 음식이며, 해조류와 뿌리채소 잎채소를 골고루 맛있게 먹을 수 있습니다.

### Recipe

1. 쇠미역은 소금으로 바락바락 씻은 후 끓는 물에 살짝 데친다.
   **참고** • 염장 쇠미역의 경우 물에 10분 정도 담가 소금기를 뺀다.
2. 쇠미역의 물기를 뺀 후 사방 4~5cm 길이로 썬다. 곤약도 소금으로 비벼 씻은 후 끓는 물에 데친 후 2mm 두께의 1×4cm 길이로 썰고, 팬에 참기름을 둘러 볶아 준다.
3. 래디시 알은 모양대로 둥글게 2mm 두께로 썰고, 잎은 그대로 살려 둔다.
4. 2,3을 양념장과 함께 무친다.

*

# 목이미역국

## Ingredients

재료 … 4인분
건미역 15g,
건목이버섯 15g,
무 50g,
건새우 5g,
물 6C, 조선간장,
통마늘 2쪽

**healthy tip** ✿ 미역은 심혈관 질환 및 몸의 부기를 제거하는 데 좋습니다. 미역과 목이버섯, 무를 배합하면 무의 이뇨작용과 더불어 독소를 배출하는 데 효과적입니다. 새우와 미역도 궁합이 좋아 함께 먹으면 영양 흡수에 도움이 됩니다.

## Recipe

1. 건미역은 물에 불려 먹기 좋은 크기로 썬다.
2. 목이버섯은 물에 살짝 씻어 한입 크기로 손으로 찢어 둔다. 무는 나박 썰기 한다.
3. 냄비에 물을 조금씩 넣어 가며 무를 볶다가 목이버섯, 건새우 순서로 볶은 후 통마늘을 넣고 물을 자박하게 붓고 한소끔 끓인다.
4. 나머지 물과 미역을 넣고 끓어오르면 조선간장으로 간을 한다.

# * 당근두부소보로

**healthy tip** ● 덮밥은 아래로 갈수록 재료의 양이 부족해 싱거워져서 끝까지 맛있게 먹을 수 없는 경우가 많습니다. 하지만  밥그릇에 밥을 담기 전에 깨소금을 미리 깔고 밥을 얹은 후 소보로를 얹으면 끝까지 맛있게 먹을 수 있어요. 당근두부소보로는 자극적이지 않은 담백한 맛으로 아이들에게도 인기가 많습니다. 소화에 부담이 있는 환자는 기름 대신 물로 볶아 주세요.

## Ingredients

**재료 ··· 4인분**
현미밥 4공기,
두부 1모,
당근 50g,
호박 50g,
쪽파 2~3줄기,
참기름 1/2t,
현미유 1/2t,
소금

## Recipe

1. 두부는 끓는 물에 소금을 넣고 데친 후 물기를 빼고, 절구에 빻아 놓는다.
2. 당근은 채 썰어 잘게 다진 후 소금을 뿌려 놓고, 호박도 잘게 다진다.
3. 쪽파는 송송 썰어 둔다.
4. 팬에 참기름과 현미유를 넣고 달군 후 당근을 볶다가 당근이 반짝반짝해지면 호박을 넣고 소금을 넣어 가며 볶는다.
5. 호박이 어느 정도 익으면 두부를 넣고 소금을 넣어 가며 볶는다.
6. 불을 끄고 쪽파를 넣어 섞은 뒤 깨소금이나 소금으로 간한다.
7. 현미밥 위에 얹어 먹는다.

# 죽순버섯볶음

**healthy tip** 죽순은 봄이 되면 거친 땅을 뚫고 나와 무서운 속도로 자라나는 생명력이 강한 식재료입니다. 단백질과 비타민B가 풍부해 원기 향상에 도움이 되며 피로 회복에도 좋습니다. 죽순버섯볶음은 다양한 버섯과 어우러져 맛과 건강이 우수합니다.

## Recipe

1. 삶은 죽순은 한입 크기로 잘라 둔다.
   **참고** • 생죽순인 경우 쌀뜨물에 담가 두었다가 다시마 1장을 넣고 삶아 준다.
2. 건목이버섯은 물에 불려 한입 크기로 찢어 놓는다.
3. 황금 팽이버섯도 한입 크기로 손질한다.
4. 풋고추와 파프리카, 양파는 채 썰고, 마늘은 편 썰기 해둔다.
5. 팬에 현미유를 두르고 풋고추와 마늘을 넣어 볶다가 양파, 죽순, 버섯을 차례로 볶은 후 양념장을 넣고 센불에 물기가 없어질 때까지 볶는다.
6. 불을 끄고 홍파프리카를 넣고 한 번 더 섞어 준다.

## Ingredients

**재료** … 삶은 죽순 150g,
황금팽이버섯 100g,
건목이버섯 7개,
양파 1/2개,
미니 홍파프리카 1개,
풋고추 1개,
마늘 2쪽,
현미유,
볶은 참깨,
다시마

**양념장** 맛간장 2T,
채수 1/2C,
조청 1/2T,
참기름 1t

*

# 봄의 쑥국

**Ingredients**

**재료 … 4인분**
당근 80g,
무 80g,
유부 4장,
쑥 40g,
채수 4.5C,
소금,
조선간장

**Recipe**

1. 당근과 무는1~2mm 두께로 나박 썰기 하여 소금을 조금 뿌려 놓고, 유부는 채 썬다. 쑥은 깨끗이 잘 손질해 놓는다. 달궈진 냄비에 유부를 볶다가 건져 낸 후 무, 당근 순서로 채수를 조금씩 넣어 가며 볶는다.
2. 1의 냄비에 채수를 자작할 정도로 붓고 한소끔 끓인 후, 나머지 채수를 모두 넣어 끓어오르면 유부를 넣고 한소끔 더 끓여 소금과 조선간장으로 간을 한다. 쑥을 넣고 불을 끈다.

*

# 메밀크림

## Ingredients

재료 ··· 2인분
메밀가루 3T,
참기름 1t,
물 3C

## Recipe

1. 데워진 냄비에 참기름을 넣고 메밀가루를 넣어 좋은 냄새가 날 때까지 볶아 준다.
2. 불을 끄고 나무 주걱으로 섞다가 열기를 식힌 후 물을 한 번에 부어 준 후 거품이 일도록 섞어 준다. 이렇게 해야 덩어리가 생기지 않는다.
3. 중불로 하여 나무 주걱으로 저어 주면서 끓어오르면 1~2분 뒤에 불을 끈다.

**healthy tip** ✿ 메밀에 함유된 루틴은 암에 효과가 있다는 보고가 있어요. 특히 위암, 인두암, 폐암, 뇌연화, 동맥경화, 고혈압 환자들이 식사를 잘 할 수 없을 때 죽 대신 이용하면 좋습니다.

# * 두릅장아찌

**tip** ✿ 봄철에 만든 두릅을 1년 내내 먹을 수 있는 방법입니다. 담근 후 바로 먹는 것보다 냉장고에 보관해 두었다가 장마철이 지나고, 한 개씩 꺼내 김밥이나 주먹밥으로 간단하게 먹어도 맛있습니다.

**Ingredients**

**재료** … 산두릅 1kg,
구기자 약간

**양념장** 간장 550cc,
진하게 우린 다시마물 900cc,
감식초 300cc,
미온 800cc

**Recipe**

1. 두릅 밑동은 잘라내고, 두꺼운 것은 반으로 잘라 손질한 후 여러 번 깨끗이 씻은 후 물기를 빼둔다.
2. 냄비에 장아찌 양념장 재료를 모두 넣어 팔팔 끓인 후, 뜨거울 때 두릅에 끼얹는다. 이때 구기자도 함께 넣어 준다.
3. 처음 3일간은 매일 2의 간장물을 다시 따라 내어 끓인 후 식혀서 두릅에 다시 부어 준다.
4. 3일이 지나고는 2~3일에 한 번씩 끓인 간장물을 식혀서 부어 주는 것을 6~7회 한 뒤 냉장 보관한다.

*

# 봄의 야채튀김

### Ingredients

재료 … 당근(중) 1개,
양파(중) 1.5 개,
아스파라거스 5~6개,
우리밀 통밀가루,
현미유,
소금, 물

**tip** ✿ 위의 재료 외에도 쑥, 브로콜리와 같은 봄의 채소를 이용해 만들어 보세요.

### Recipe

1. 당근은 양파와 비슷한 길이로 두껍게 채 썰고, 양파도 결 따라 채 썬다.
2. 아스파라거스도 양파와 비슷한 길이와 두께로 썰어 준다.
3. 밀가루에 소금과 냉수를 넣고 섞어 튀김옷을 만든다.
4. 당근과 양파, 아스파라거스를 2의 튀김옷에 묻혀 160~170도 온도의 기름에 튀겨 낸다.

# *

# 세발나물 당근샐러드

### Ingredients

**재료** … 4인분
세발나물 80g,
사과 1/2개,
당근 70g

**양념장** 다진 마늘 1/2t,
올리브오일 2T,
레몬즙 1T,
잣 10알,
소금 약간

### Recipe

1. 세발나물은 줄기 마디를 끊어 주어 한입 크기로 먹기 좋게 다듬는다.
2. 당근과 사과는 채 썬다.
3. 큰 볼에 세발나물과 2의 사과와 당근, 양념장을 넣어 볼을 굴려 가며 흔들어 무쳐 준다.

# * 봄의 스파게티

**healthy tip** ✿ 스파게티는 보통 오일이나 크림 등을 많이 사용해 칼로리가 높고, 영양 균형이 맞지 않는 경우가 많습니다. 하지만 다양한 채소를 다져 넣고, 옥수수와 칡전분으로 소스를 만들면 영양 면에서도 손색이 없고, 스파게티의 색다른 맛을 느낄 수 있습니다.

## Ingredients

**재료** … **4인분**
통밀 스파게티 300g,
통조림 옥수수
(국산) 1통,
양파 1/2개,
당근 20g,
양송이버섯 4개,
루꼴라 50g,
월계수잎 1개,
채수 2.5C,
올리브오일,
소금 약간

**전분물** 칡전분 2T+물 2T

## Recipe

1. 양파와 당근은 다지고, 양송이버섯은 모양대로 얇게 썰어 둔다.
2. 루꼴라는 5~6cm 길이로 잘라 손질한 후 깨끗이 씻어 물기를 빼둔다.
3. 통조림 옥수수는 믹서에 살짝 갈아 둔다.
4. 스파게티면은 10~12분 정도 삶아 올리브유와 소금으로 무쳐 둔다.
5. 달궈진 냄비에 올리브유를 소량 두르고 양파를 볶다가 달콤한 냄새가 나면 당근과 양송이버섯을 순서대로 볶는다. 이때 소금을 조금씩 넣어 가며 볶는다.
6. 5에 옥수수를 넣고, 채수를 조금씩 넣어 가며 볶다가 나머지 채수와 월계수잎을 넣은 후 약불에 5분 정도 익힌다. 싱거우면 소금으로 간한다.
7. 6에 전분물을 넣어 걸쭉하게 한다.
8. 4의 스파게티면을 그릇에 담은 후 7을 얹고 루꼴라를 올린다.

# * 당근오트밀죽

**tip** ✿ 너무 곱게 갈면 식감이 없습니다. 핸드 블렌더로 4~5번 툭툭 끊어 갈아 주세요.

### Ingredients

**재료** … 당근 1/2개,
양파 1/2개,
국산오트밀 1/3컵,
현미밥 1공기,
월계수잎 1장,
채수 4컵,
참기름,
소금

### Recipe

1. 당근과 양파는 채 썰어 놓는다.
2. 냄비에 참기름을 조금 넣고 양파와 당근 순서로 소금을 조금씩 넣어 주며 볶는다.
3. 채소가 어느 정도 익으면 채수 1컵을 넣고 끓인 후 채수 2컵과 현미밥, 월계수잎을 넣고 끓인다.
4. 3이 끓으면 불을 끄고, 월계수잎을 빼고 핸드 블렌더로 갈아 준다. 나머지 채수 1컵과 오트밀을 넣고 한소끔 끓인 뒤 소금으로 간한다.

# * 두부소스브로콜리

**healthy tip** ✿ 브로콜리는 단백질과 칼슘이 풍부합니다. 두부와 함께 먹으면 소고기 부럽지 않은 영양적 가치가 있어요. 두부의 물기를 확실히 뺀 후 무쳐 주면 고슬고슬해서 식감이 더 좋고, 냉장고에 보관해도 물기가 생기지 않습니다.

## Recipe

1. 브로콜리는 줄기는 제거하고 송이는 한입 크기로 자른 후 데친다.
2. 두부는 뜨거운 물에 데치고 채반에서 물기를 뺀 후 절구에 곱게 빻아 갈아 준다.
3. 깨는 볶아서 반 정도 으깨지도록 살살 갈아 준다.
4. 2의 두부에 3의 깨와 소금을 넣고 잘 섞어 두부소스를 만든 후 브로콜리와 섞는다.

## Ingredients

**재료** … 브로콜리 250g

**두부소스** 두부 1모,
깨 3T,
소금

3

# 무더위에 빼앗긴 기력을 보충하는 '여름'

# 요리 재료

**곡류** : 옥수수, 기장, 녹두, 오분도미, 삼분도미

**채소** : 상추, 오이, 깻잎, 토마토, 가지, 애호박, 고추, 피망, 감자, 부추, 고사리, 왕고들빼기, 쇠비름, 곤드레, 고구마줄기

**버섯** : 목이버섯, 새송이버섯, 양송이버섯

**해초** : 김, 한천, 파래

**과일** : 수박, 참외, 자두, 복숭아, 멜론, 무화과, 복분자, 오디, 바나나

**해산물** : 다슬기, 소라

여름철에 가장 신경 써야 하는

# 요리 포인트

여름철에는 신진대사가 활발하게 진행되고, 땀을 많이 흘려 땀으로 영양소가 빠져나가 영양 소비가 많은 계절입니다. 더위로 수면 부족이 오기 쉽고, 체력 소모가 클 뿐만 아니라 소화 기능이 약해져 먹는 것에 세심하게 주의를 기울여야 하는 계절이기도 합니다.

여름철에 가장 주의해야 하는 것은 얼음물, 아이스커피, 아이스크림과 같은 차가운 음식이에요. 차가운 물을 마시게 되면 차가워진 몸속 온도를 올리기 위해 몸은 열을 발산하게 되고, 소화 기능이 저하되어 위를 상하게 하며 장 질환을 쉽게 일으킵니다. 또한 여름은  차가움을 대비해야 하는 계절이에요. '겨울의 병은 여름에 고친다'는 속담이 있듯 여름 동안 겨울의 추위에 대비할 수 있는 몸을 만들어야 합니다. 여름 한철의 아이스커피가 길고 추운 겨울을 만들 수 있음을 유념해야 합니다.

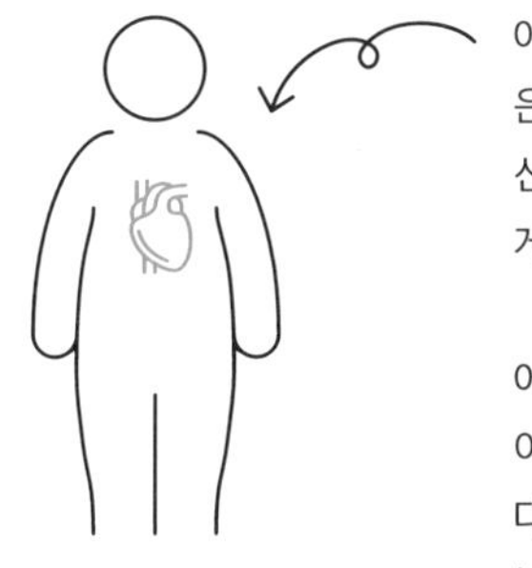

여름은 장기로 보았을 때 심장에 해당하는 계절입니다. 여름의 에너지가 부족한 사람은 늘 불안하고, 긴장한 상태로 있으며 융통성이 떨어지는 경향이 있어요. 따라서 정신을 맑게 하고 피로를 풀어 주는 여주와 오이 껍질같이 쓴맛이 나는 채소를 적당하게 먹는 것이 좋습니다.

여름 요리의 포인트는 부족한 수분을 채소로 보충할 수 있도록 수분이 많은 조리법을 이용하고 조리 시간은 짧게, 센불로 빠르게 볶아 내는 것입니다. 기름이 많은 음식보다는 맑고, 담백한 음식이 좋아요. 목이 마를 때 차가운 물 대신 칼륨이 많이 들어 있는 여름 채소를 먹으면 의외로 쉽게 갈증이 풀어집니다. 여름 채소에는 공통적으로 칼륨과 수분이 많이 들어 있기 때문이에요. 칼륨은 체내의 나트륨을 내보내고, 채소의 수분은 혈액의 농도를 연하게 하여 체온이 내려가게 합니다. 대표적인 여름 채소로는 오이와 토마토, 가지 등이 있어요.

땀을 많이 흘리면 미네랄이 체외로 많이 배출되어 목소리가 잘 나오지 않다거나 기력이 없어지는 경우가 있습니다. 그럴 때는 된장국이나 된장볶음, 깨소금, 간장을 섭취하여 좋은 염분을 보충해 주세요.

여름에는 압력솥에 지은 현미밥이 먹기 싫어지는 계절이기도 합니다. 현미밥은 체온을 올려 주기 때문이지요. 따라서 여름철은 현미밥만 고집하기보다는 오분도미나 삼분도미 밥에, 옥수수, 보리 등을 혼합하고 압력솥보다는 도자기 냄비로 짓는 것이 더욱 맛있게 느껴집니다.

**여름 요리의 핵심**

① 조리시간을 짧고 빠르게 센불로 한다.
② 생채소나 과일을 1년 중 가장 섭취하기 좋은 계절이다.
③ 더운 여름의 갈증은 차가운 물 대신 여름 채소의 수분으로 해결한다.
④ 현미밥 외에 오분도미나 삼분도미밥도 즐겨 먹는다.

# * 옥수수밥

**tip** ✿ 여름철 별미로 먹을 수 있는 밥입니다. 옥수수의 단맛과 현미의 단맛이 어우러져 밥만으로도 달콤한 맛을 즐길 수 있어요.

## Recipe

1. 현미는 깨끗이 씻어 놓는다.
2. 옥수수는 껍질을 벗긴 후 깨끗이 씻고, 수염은 떼어내 잘게 썰고, 옥수수 알은 칼로 잘라 둔다.
3. 압력솥에 분량의 쌀과 옥수수 알, 수염, 옥수숫대, 소금, 물을 넣고 약불에 30분간 익힌 후 중불로 키운다. 압력추가 돌아가면 1~2분 뒤 다시 약불로 줄여 25분간 익힌 후 불을 끈다.
4. 10분 정도 뜸을 들인 후 뚜껑을 열어 잘 저어 준다.

## Ingredients

**재료** ··· 현미 2C,
옥수수 1개,
소금 1/4t,
물 3.5C

*

# 매콤감자된장국

## Ingredients

**재료** … **4인분**
당근(중) 1개,
감자(소) 4개,
양파(중) 1/2개,
쪽파 1줄기, 된장 1.5T,

**양념장** 간 마늘 1t,
간 생강 1/2t,
고춧가루 1.5T,
채수 4C, 소금

**tip** ✿ 여름의 된장국은 겨울, 봄의 된장국과 달리 조리 시간이 짧습니다. 채소를 먼저 볶지 않으며 채수와 함께 채소를 같이 넣어 끓입니다. 쪽파 대신 깻잎순을 넣어도 깔끔한 맛을 즐길 수 있어요.

## Recipe

1. 감자는 껍질째로 반으로 가른 뒤 너비 1cm 간격으로 썰어 둔다.
2. 당근은 너비 0.2~3mm 간격으로 반달썰기로 썬 후 소금을 조금 뿌려 둔다.
3. 양파는 0.5mm 간격으로 채 썬다. 쪽파는 송송 썰어 둔다.
4. 당근과 양파를 넣고 채수를 자박하게 넣어 끓어오르면 뚜껑을 닫고 더 익힌다.
5. 채수를 조금씩 넣어 주면서 당근과 양파가 어느 정도 익으면 나머지 채수와 된장, 양념장, 감자를 넣고 익힌다. 감자가 익으면 쪽파를 넣고 불을 끈다.

*

# 오이볶음

**Ingredients**

재료 … 6인분
오이 2개,
홍고추 1/2개,
참기름 1t,
고추기름 1t,
간장 1t,
소금

**healthy tip** ✿ 오이의 차가운 성질을 기름에 볶고, 간장을 넣어 따뜻한 양성의 조리법으로 요리했습니다. 생으로 먹을 때와 색다른 맛이납니다.

**Recipe**

1. 오이는 5cm 길이로 자른 후 4등분하고, 소금을 조금 뿌려 둔 후 물기를 짠다.
2. 홍고추는 얇게 채 썬다.
3. 달궈진 팬에 참기름과 고추기름을 넣고, 오이를 볶다가 홍고추를 넣고 간장으로 간한다.

# * 유부잡채

tip ✿ 여름철 맛과 영양을 챙기면서 먹을 수 있는 건강 잡채입니다. 채소들은 냉장고에 있는 채소들로 대체할 수 있습니다.

## Ingredients

**재료** ··· **4인분**
적양배추 2장,
알배추 3장,
당근 15g,
유부 4개,
홍파프리카 1/4개,
소금

**잡채 양념** 간장 1/2T, 채수 5T,
조청 1/2t, 참기름 1t

## Recipe

1. 유부는 끓는 물에 데친 후 물기를 빼고 0.2mm 굵기로 얇게 채 썬다.
2. 알배추와 당근, 양배추도 0.2mm 굵기로 채썬 후 소금을 뿌려 둔 후 물기를 꼭 짠다.
3. 파프리카도 같은 굵기로 채 썬다.
4. 팬에 현미유를 두른 후 유부, 당근 순서로 볶다가 잡채양념을 넣고 물기가 없어질 때까지 볶고 불을 끈다.
5. 4가 뜨거울 때 2와 3을 넣어 버무린다. 싱거우면 소금으로 간한다.

*
# 쪽파김무침

### Ingredients

**재료** … 쪽파 15줄기,
마른 김 2장

**양념장** 간장 1/2T,
고춧가루 1/2t,
참기름 1/2t,
된장 1/2t,
물(채수)1/2T

**tip** ✿ 쪽파는 살짝 데쳐야 아삭한 맛이 납니다. 입맛이 없는 여름철에 입맛을 돋우어 주는 간편한 음식이지만 영양 면에서도 부족함이 없습니다.

### Recipe

1. 구운 김 2장은 손으로 잘게 찢고, 양념장과 섞는다.
2. 쪽파는 소금물에 살짝 데쳐 꼭 짜서 물기를 뺀 후 5cm 길이로 자른다.
3. 쪽파와 1을 함께 무친다.

# * 무말랭이초무침

## Ingredients

**재료** … 무말랭이(건조) 20g,
양파 1/2개,
당근 20g,
물 적당량,
소금,
올리브유

**무침양념** 현미식초 1T,
레몬즙 1T,
올리브유 1/2t

**tip** ✿ 여름철 입맛이 없을 때 새콤하게 먹을 수 있는 색다른 메뉴입니다. 설탕을 넣지 않아도 무말랭이와 양파를 잘 볶으면 맛있는 단맛이 납니다.

## Recipe

1. 무말랭이는 물로 빠르게 씻어 체에 담아 물기를 빼고 먹기 좋은 크기로 썬다.
2. 당근과 양파를 무말랭이와 비슷하게 채 썰고, 소금을 조금 뿌린 후 물기를 짠다.
3. 팬에 올리브유를 조금 두르고 무말랭이를 볶다가 달큰한 냄새가 나면 당근을 넣고 익으면 물을 자박하게 넣어 중불에 물이 없어질 때까지 조린다.
4. 3을 무침양념 1/2과 섞은 후, 물기를 짠 양파에 나머지 무침양념을 넣고 모두 섞어 다시 버무린다.

# * 유부된장죽

**healthy tip** ✿ 유부된장죽은 콧물이 조금씩 나는 감기에 걸렸을 때 먹으면 좋습니다. 콧물감기 기운이 있을 때는 채수를 다시마로만 내주는 것이 좋고, 몸살 기운이 있을 때는 표고버섯 채수와 섞어 주세요. 된장은 입맛에 따라 가감합니다.

**Recipe**

1. 대파는 흰 부분과 초록 부분을 나누어 송송 썰고, 건표고버섯은 물에 불린 후 채 썬 후 간장에 조물조물 무쳐 둔다.
2. 된장은 절구에 잘 갈아 둔다.
3. 달구어진 냄비에 유부를 넣어 볶다가 건져 낸 후 채 썰어 둔다.
4. 3의 냄비에 파의 초록 부분과 표고버섯을 넣고 채수를 조금씩 넣어 가며 볶다가 유부를 넣고 채수를 자작하게 넣어 한소끔 끓인다.
5. 4에 현미밥과 나머지 채수를 넣고 한 번 끓어오르면 된장을 넣고 약불에 40분 정도 익힌다.
6. 불을 끄고 파의 흰 부분을 넣고 10분 정도 뜸 들인다.

**Ingredients**

재료 … 4인분
현미밥 3공기,
유부 5×5cm 5개,
대파 1/2개,
건표고버섯 2개,
채수 5C,
된장 4T,
간장

# * 깻잎페스토 해물찜

**tip** ✿ 국물은 따로 보관했다가 면을 끓여 먹어도 좋고, 다른 국의 육수로 사용해도 좋습니다.

### Ingredients

**재료** ··· **4인분**
전복 2개,
새우 4마리,
가리비 500g,
바지락 500g,
청주 2T,
베이비채소 100g,
방울토마토 10개,
블랙올리브 약간,
아스파라거스 2대,
마늘 3쪽,
건홍고추 1개,
올리브유 약간

**깻잎 페스토** 깻잎 20장,
올리브유 3T, 잣 30g,
마늘 1개, 된장 1.5T,
현미식초 3T,
레몬즙 1T, 조청 1.5T

### Recipe

1. 해산물은 깨끗이 손질해 둔다.
2. 베이비채소와 방울토마토는 깨끗이 씻어 물기를 뺀다.
3. 블랙올리브와 마늘은 편썰고, 홍고추와 아스파라거스는 3cm 간격으로 썰어 둔다.
4. 페스토의 모든 재료를 섞어 믹서에 갈아 둔다.
5. 냄비에 올리브유를 두르고 건홍고추와 마늘을 넣어 볶다가 마늘이 노릇해지면 1의 해산물과 토마토, 청주를 넣은 후 뚜껑을 덮은 후 익힌다.
6. 5의 해산물이 익으면 국물은 덜어 낸 후 아스파라거스, 블랙올리브, 깻잎페스토를 넣고 센불에 볶아 준 후 불을 끄고 베이비채소와 섞어 준다.

*

# 갓메밀국수

### Ingredients

**재료** … **2인분**
우리순메밀국수 250g,
갓김치 적당량

**국수양념** 갓김치 국물 70cc,
참기름 1T

**양념장** 고추장 1/2T, 간장 1T,
식초 1/2T, 사과즙 1T,
조청 1/2T

**healthy tip** ✿ 지난 가을 담가 둔 묵은 갓김치로 메밀국수를 해먹으면 몸을 보하면서 별식을 즐길 수 있어요. 여름에 즐겨 먹는 열무국수와 비교했을 때 갓메밀국수는 몸을 덜 차게 해 면역력이 약한 사람들도 즐겨 먹을 수 있습니다.

### Recipe

1. 메밀은 끓는 물에 5분 정도 익힌 후 2~3분 그대로 둔다. 끓일 때는 찬물을 한 번씩 부어 가면서 끓인다.
2. 1의 메밀을 여러 번 찬물에 헹궈 물기를 뺀다.
3. 2의 면에 국수양념을 섞은 후, 간을 보아 가면서 양념장을 섞어 준다.
4. 3에 갓김치를 올려 먹는다.

# * 해초무말랭이 샐러드

## Ingredients

재료 … 6인분
해초 모듬팩 1개,
무말랭이 20g,
양파 1/2개,
볶은 참깨,
현미유,
소금

소스 현미식초 1T,
레몬즙 2T,
참기름 1/2T,
간장 1T

## Recipe

1. 해초는 깨끗이 씻어 한입 크기로 손질하여 물기를 뺀다. 무말랭이는 물에 살짝 헹군 후 먹기 좋은 크기로 썬다.
2. 양파는 채 썰고 소금을 조금 뿌려 둔 후 물기를 꼭 짠다.
3. 냄비에 현미유를 조금 두르고, 무말랭이가 달콤한 냄새가 날 때까지 볶다가 물을 자박하게 부어 약불로 뚜껑을 닫고 물기가 없어질 때까지 익혀 준다.
4. 3이 뜨거울 때 소스를 1/2만 먼저 섞은 후, 해초, 양파와 나머지 소스 및 볶은 참깨를 넣고 다시 한번 버무려 준다.

# * 병아리콩버거

tip ✿ 케첩이나 마요네즈, 햄이 들어가지 않아 담백하고 건강한 버거입니다.

### Ingredients

**재료** … **6인분**
통밀번 6개,
병아리콩 2C
(+다시마, 소금),
옥수수통조림 1병,
황금송이버섯 20g,
우리밀 통밀가루 2T,
콩 삶은 물 3T,
당근 70g,
연두부 1개(200g),
양상추 6장,
양파 1개,
방울토마토 10개,
홀그레인머스타드

**양념1** 레몬즙 2t, 볶은참깨 3T,
소금 1/2t, 현미유 1T

**양념2** 소금, 후추, 바질, 레몬즙

### Recipe

1. 병아리콩은 하루 정도 물에 불린 후, 다시마와 소금을 조금 넣고 1시간 정도 익힌 후 핸드 블렌더로 간다.
2. 황금송이버섯은 1cm 길이로 썰어 두고, 양파는 잘게 썬 후 팬에 노릇하게 볶는다.
3. 1의 병아리콩, 2의 황금송이버섯, 양파, 옥수수통조림, 우리통밀가루, 콩 삶은 물을 넣어 섞은 후 둥근 모양의 패티를 만든 후 팬에 굽는다.
4. 당근은 얇게 채 썰어 소금을 조금 뿌린 후 당근의 비린내가 사라질 때까지 무수분으로 익힌다.
5. 양상추는 한 장씩 뜯어 깨끗이 씻은 후 물기를 빼둔다.
6. 양파는 채 썰고, 방울토마토는 반으로 잘라 양념2와 섞어 토마토양파마리네를 만든다.
7. 연두부에 물기를 빼고 양념1과 섞어 핸드 블렌더에 갈아 두부마요네즈를 만든다.
8. 통밀번을 2조각으로 자른 후 한쪽에 홀그레인머스타드, 당근, 병아리콩 패티, 두부마요네즈, 양상추, 6이 토마토양파마리네를 얹고, 나머지 빵으로 덮는다.

# * 여름의 토마토수프

**healthy tip** ✿ 토마토의 라이코펜을 맛있게 즐기는 방법이에요. 오트밀을 넣어 한 끼로도 충분한 여름의 토마토수프입니다. 전립선 질환이 있는 환자에게도 좋은 메뉴예요.

### Ingredients

**재료 … 4인분**

양파(중) 1개,
샐러리 1/2대,
당근 1/2개,
감자(중) 1개,
토마토 1개,
농축토마토 1팩(250g),
오트밀 1/4C,
채수 4C,
마늘 2쪽,
바질 1T,
된장 2t,
현미유,
소금, 후추

### Recipe

1. 모든 채소는 5mm 정도로 깍둑썰기 하고, 토마토는 큼직하게 썰어 둔다.
2. 마늘은 편 썰기 해둔다.
3. 냄비에 현미유를 조금 두르고, 2의 마늘을 볶은 후, 양파, 샐러리, 당근 순서로 볶은 후 토마토와 농축토마토를 넣고 뚜껑을 덮어 3~4분간 익힌다.
4. 3에 채수, 감자를 넣고 끓어오르면 오트밀, 된장, 바질을 넣고 30분 정도 중약불로 끓인다.
5. 4에 소금, 후추로 간을 한다.

* 간단피클

**tip** ✿ 엄청난 설탕이 들어가는 일반적인 피클 대신 설탕을 전혀 쓰지 않는 면역력 밥상의 간단 피클 어떠세요? 오이 외의 재료는 각자 좋아하는 채소로 대체해도 좋습니다.

## Recipe

1. 오이는 5mm 굵기로 썰고, 양파는 결따라 1cm 두께로 썬다.
2. 당근은 5mm 굵기로 반달 썰기 하고, 파프리카는 먹기 좋은 크기로 네모 썰기 한다.
3. 아프파라거스와 샐러리는 5cm 길이로 썬다.
4. 냄비에 절임양념의 재료를 모두 넣고 끓어오르면 양파, 샐러리, 아스파라거스, 미니파프리카, 당근, 오이를 차례대로 살짝 데쳐 낸 후 체에 밭쳐 물기를 빼고 식힌다.

## Ingredients

**재료** … 오이 1개,
양파(대) 1/2개,
당근 1/3개,
미니파프리카 2개,
아스파라거스 3줄기,
샐러리 1줄기

**절임양념** 물 2C,
현미식초 1T,
사과식초 6T,
미온 4T,
통후추 20개,
월계수잎 2개,
우메보시 2개

*

# 감자샐러드

### Ingredients

재료 … 감자(중) 4개,
오이 1.5개,
소금

소스 볶은 참깨 2T,
맛간장 1T, 레몬즙 1T

**healthy tip** ✿ 간단하면서도 맛있는 여름철 인기 메뉴입니다. 오이는 몸을 차게 하는 성질이 강하므로 여름철에만 즐겨 먹는 것이 좋습니다.

### Recipe

1. 감자는 껍질째 찐 후, 껍질을 까고 포크로 으깨어 둔다.
2. 오이는 0.3cm 간격으로 잘라 소금을 뿌려둔 후 물기를 꼭 짜둔다.
3. 소스 재료를 모두 잘 섞은 후 볼에 넣어 감자와 오이를 잘 버무린다.

*

# 논오일 바질샐러드

### Ingredients

**재료** … 토마토 2개,
생바질 10g,
양파 1/2개,
미니파프리카 2개,
소금, 후추,
현미식초

**healthy tip** ✿ 샐러드에는 오일이 들어가야 한다는 생각을 버리면 더 건강한 샐러드를 만들 수 있습니다. 토마토는 음성의 음식이어서 몸을 시원하게 합니다. 여기에 오일을 섞게 되면 몸을 더 차게 만들어 면역력이 떨어질 수 있어요.

### Recipe

1. 토마토와 파프리카는 먹기 좋은 크기로 썰고, 바질은 손으로 잘게 뜯는다.
2. 양파는 얇게 채 썰어 소금을 조금 뿌려 둔 후 물기를 뺀다.
3. 1과 2를 섞어 소금, 후추, 현미식초로 함께 버무린다.

tip ✿ 치즈나 크림이 들어가지 않아 속 편하게 즐길 수 있는 건강 리조또입니다. 현미와 다양한 채소를 넣어 영양이 가득하면서도 별식으로 즐기기 좋아요.

## Ingredients

**재료 ··· 4인분**

현미밥 3그릇,
방울토마토 20개,
감자(소) 1개,
당근 80g,
양파 1개,
미니파프리카 3개,
느타리버섯 120g,
양송이버섯 4개,
통마늘 6개,
올리브오일,
월계수잎 1장,
채수 4C,
소금,
잣가루

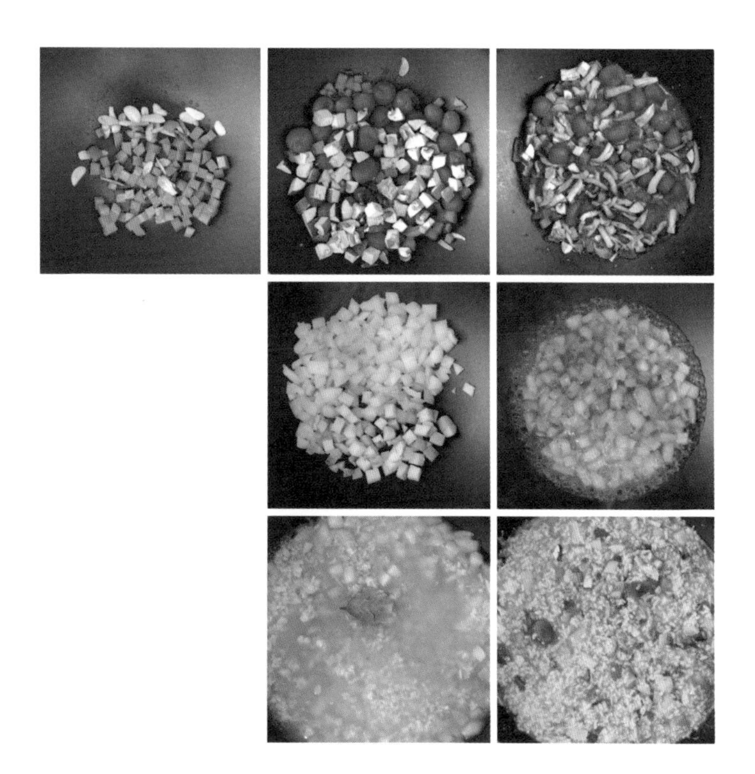

## Recipe

1. 방울토마토는 십자 칼집을 낸 후 끓는 물에 데쳐 껍데기를 벗겨 둔다.
2. 당근과 감자, 양파, 양송이버섯은 사방 0.7cm 정도로 깍둑썰기 하고, 느타리버섯은 5cm 길이로 잘라 둔다.
3. 마늘은 편 썰기 해둔다.
4. 냄비에 올리브오일을 조금 넣고 마늘을 볶은 후 당근, 토마토, 버섯, 파프리카 순으로 소금을 조금씩 넣으며 볶은 후 그릇에 덜어 놓는다.
5. 4의 냄비에 올리브오일을 다시 조금 넣은 후 양파를 볶다가 감자를 넣고 볶은 후 채수를 자작하게 넣어 끓어오르면 나머지 채수와 현미밥, 월계수잎을 넣고 조금씩 저어 가면서 10분 정도 익힌다.
6. 5에 4를 넣어 한소끔 익힌 후 소금으로 간을 맞춘 후 잣가루를 뿌린다.

# * 아삭매콤 콩나물무침

## Ingredients

재료 … 4인분
콩나물 1봉지,
소금 1T, 물 1C,
홍고추 1/2개,
쪽파 1/2개

무침양념 고춧가루 1/2T,
간 마늘 1t,
간 생강 1/2t,
참기름 1T, 맛간장 1/2T,
볶은 참깨 2T, 소금 약간

**tip** ✿ 콩나물을 삶을 때는 소금을 넣고, 찬물에 헹궈 물기를 빼야 아삭한 콩나물무침이 됩니다. 싱겁지 않게 간을 해야 콩나물에서 비린내가 나지 않아요.

## Recipe

1. 콩나물은 소금물에 깨끗이 씻는다. 홍고추는 반으로 갈라 얇게 채 썰고, 쪽파는 송송 썰어 둔다.
2. 냄비에 물을 넣고 콩나물에 소금을 켜켜이 조금씩 넣은 뒤 뚜껑을 닫고 콩나물의 비린내가 사라질 때까지 익힌다.
3. 2를 찬물에 헹군 후 채반에 밭쳐 물기를 빼둔다.
4. 무침양념을 만들고, 모든 재료와 잘 섞어 무친 뒤 소금으로 간한다.

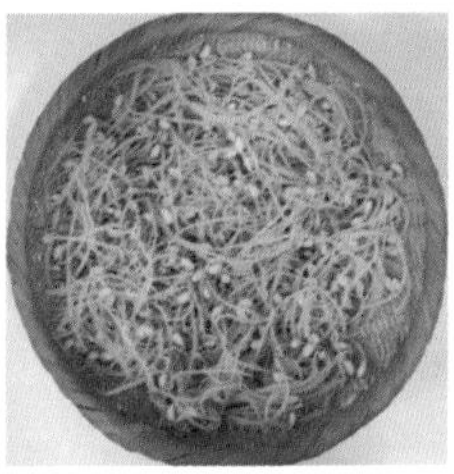

✽

# 방울토마토 매콤샐러드

## Ingredients

재료 … 4인분
방울토마토 350g,
양파 1/2개, 소금

소스 된장 1t, 고추장 1/2t,
간장 1T, 고추기름 2t,
조청 1t, 다진 마늘 1t,
사과식초 4t, 참기름 2t,
볶은 참깨 2t

**tip** ✿ 토마토의 찬 성질을 된장과 간장의 따뜻한 성질로 중화한 레시피입니다. 생바질이나 애플민트 등 허브류를 같이 버무려 먹으면 더욱 맛있어요. 단, 허브류를 너무 많이 넣지 않습니다.

## Recipe

1. 방울토마토는 가로로 반을 자른다.
2. 양파는 채 썬 후 소금을 조금 뿌려 매운맛을 제거한다.
3. 소스를 잘 섞어 1과 2를 함께 버무린다.

# * 통밀비빔국수

tip ✿ 자극적이지 않으면서 먹고 나도 속이 편안한 여름철 국수입니다.

### Ingredients

**재료** ··· **4인분**
우리밀 통밀국수,
숙주 100g,
부추 30g,
팽이버섯 1봉지,
양파 1/2개,
오이 1/2개,
어린잎채소 30g,
방울토마토 4개,
소금

**비빔장** 간장 2T, 된장 1t,
채수 2T, 고추기름 1t,
볶은 참깨 3T,
현미식초 1t,
참기름 2t, 조청 1T

### Recipe

1. 통밀면은 소금을 조금 넣은 끓는 물에 찬물을 3~4차례 넣어 가며 삶은 후 찬물에 비비듯 깨끗이 씻어 물기를 빼둔다.
2. 부추와 팽이버섯은 3cm 길이로 썰고, 양파와 오이는 채 썬다.
3. 어린잎채소는 깨끗이 씻어 물기를 빼두고, 방울토마토는 반으로 잘라 둔다.
4. 팬에 숙주와 팽이버섯, 양파를 각각 소금을 뿌려 가며 익힌다.
5. 1에 비빔장을 섞어 먼저 버무린 후, 나머지 채소들을 넣어 다시 한번 버무린다.
6. 방울토마토를 올려 장식한다.

*

# 비름나물

### Ingredients

**재료** … 비름나물 150g,
소금

**무침양념** 맛간장 1t,
된장 1/2t,
참기름 1t,
볶은 참깨 1/2T

**tip** ✿ 나물은 손질이 중요합니다. 섬유질이 너무 질긴 줄기는 버리고, 한입 크기로 잘 다듬은 후 씻어 주세요. 단, 물을 틀어 놓은 채 나물을 씻으면 잎이 상해 풋내가 나니 미리 물을 받아 두고 살살 헹구며 씻어 주세요.

### Recipe

1. 비름나물은 질긴 줄기는 제거하고, 한입 크기로 손으로 뜯어 내어 다듬는다.
2. 손질한 나물은 받아 놓은 찬물에 여러 번 헹궈 깨끗이 씻는다.
3. 끓는 물에 소금을 조금 넣고 나물을 넣은 후 재빨리 불을 끄고, 젓가락으로 체에 건져 낸다. 데친 나물은 찬물에 살살 헹군 후 채반에 밭쳐 물기를 뺀다.
4. 무침양념을 섞은 후 볼에 넣어 3의 나물과 잘 버무려 준다.

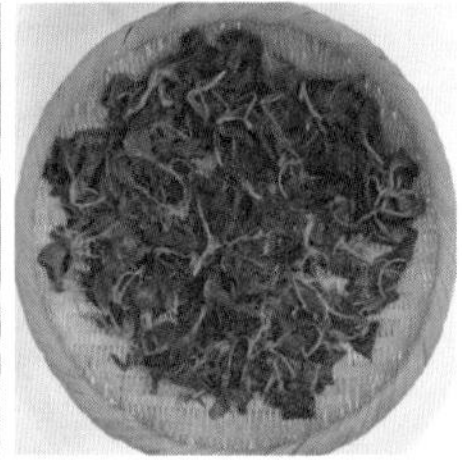

*

# 율무샐러드

### Ingredients

재료 … 4인분
율무 2/3C, 건조톳 3g (+간장 1/2t),
당근 1/3개, 오이 1/4개,
옥수수 3T, 호두 2T,
건포도 2T

소스 다진 양파 2T,
발사믹식초 1/2T,
현미식초 1T, 후추 약간
올리브오일 1T,
다진마늘 1t, 간장 1t

**healthy tip** ● 율무는 해열 작용을 하며 소화기와 근육, 뼈를 튼튼하게 해줍니다. 견과류와 채소, 톳과 함께 샐러드로 먹으면 영양 만점 간식이 됩니다.

### Recipe

1. 율무는 삶아 놓는다. 톳은 가볍게 헹궈 부드러워질 때까지 삶아서 물기를 뺀 다음 간장을 뿌려 둔다.
2. 당근은 사방 1cm 크기로 자른 후 소금을 조금 뿌려 놓은 뒤 무수분으로 익힌다.
3. 오이는 소금으로 문질러 씻은 후 사방 8mm 크기로 자른다. 옥수수는 찐다.
4. 호두는 손으로 잘게 부수고, 건포도는 칼로 잘게 자른다.
5. 율무밥이 뜨거울 때 톳, 당근, 오이, 옥수수, 호두, 건포도를 섞은 후 소스와 섞는다.

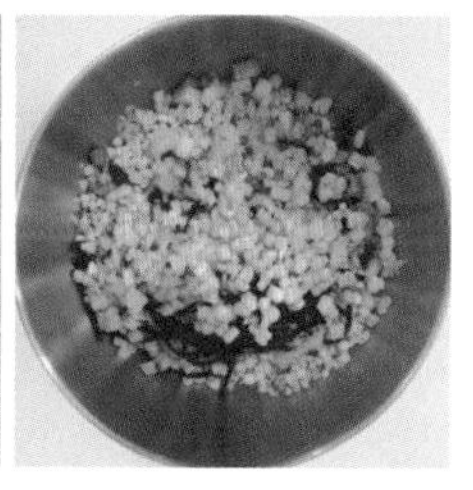

# * 메밀샐러드

**tip** ✿ 국내산 우메보시는 인터넷 쇼핑몰에서 구매할 수 있어요. 곡류와 채소가 어우러진 건강 샐러드로 약간 새콤한 맛을 원하면 레몬즙을 조금 넣어도 좋습니다.

#### Ingredients

**재료 … 4인분**
메밀면 200g(+소금),
말린 톳 30g
(+물 1/2C, 간장1T, 현미유),
어린잎새싹 50g,
깻잎 6장,
체리 8개

**소스** 간장 2T,
채수 2T,
우메보시 1개(으깬 것),
참기름 1T

#### Recipe

1. 메밀면은 소금물에 삶은 후 찬물에 박박 문질러 씻은 후 물기를 뺀다.
2. 말린 톳은 물에 가볍게 씻어 물기를 제거한 후 3cm 길이로 자른다.
3. 냄비에 현미유를 조금 두른 후 톳을 볶다가 물과 간장을 넣고 약불로 뚜껑을 닫고 졸여 둔다. 탈 것 같으면 물을 조금 더 넣어 준다.
4. 어린잎새싹은 깨끗이 씻어 물기를 빼두고, 깻잎은 먹기 좋은 크기로 자른다. 체리는 반으로 갈라 씨를 빼둔다.
5. 우메보시는 젓가락으로 찢어 씨를 뺀 후 소스의 다른 재료와 잘 섞는다.
6. 소스의 1/2과 메밀면을 섞은 후, 체리를 제외한 재료와 나머지 소스를 마저 섞고 체리를 올린다.

*

# 여름 김밥

### Ingredients

**재료 … 4인분**
오분도미밥 4그릇
(+현미식초, 소금),
김 5장, 당근 30g,
아보카도 1개,
두릅장아찌 10~15개,
간장 1T

**tip** ✿ 봄에 담가 둔 두릅장아찌에 여름 채소를 더해 간단하게 즐길 수 있는 요리입니다. 여름이므로 밥을 오분도미로 지으면 더 맛있게 먹을 수 있어요. 봄의 김밥과 마찬가지로 재료보다 밥의 양을 많게 하고, 쉽게 산화할 수 있어 참기름을 쓰지 않습니다.

### Recipe

1. 오분도미밥은 고슬고슬하게 지어 현미식초와 소금을 조금 뿌려 둔다.
2. 당근은 두껍게 채 썰어 냄비에 찌듯이 익힌다.
3. 아보카도는 굵게 채 썬다.
4. 봄에 담가 둔 두릅장아찌를 건져 물기를 빼둔다.
5. 모든 재료를 넣어 김밥을 싼다.

*

# 고추순나물

**Ingredients**

**재료** … **4인분**
고추순 200g, 소금

**무침양념** 고추장 1T, 된장 1t,
참기름 1t,
볶은 참깨 1/2T

**healthy tip** ✿ 고추순의 비타민 함량은 풋고추의 70배나 됩니다. 고추순을 고추장에 무쳐 먹으면 여름철 무더위에 달아난 밥맛도 돌아올 거예요.

**Recipe**

1. 고추순은 질긴 줄기는 떼어 내 버리고, 잎들을 적당한 크기로 떼어 낸다.
2. 볼에 물을 담아 1의 손질한 나물을 살살 씻어 두세 번 헹궈 낸다.
3. 끓는 물에 소금을 넣고 고추순을 데치고, 찬물에 헹군 뒤 채반에 밭쳐 물기를 뺀다.
4. 무침양념과 버무린다.

**tip** ✿ 파를 숨이 죽을 때까지 볶은 뒤에 미역을 넣는 것이 포인트예요. 쇠미역은 일반 미역으로 대체해도 괜찮습니다.

## Ingredients

**재료 … 3인분**

대파 1개,
염장 쇠미역 60g,
채수 3C,
생강즙 1t,
참기름,
간 참깨 1T,
소금, 간장

## Recipe

1. 대파는 5cm 길이로 채 썬다.
2. 염장 미역은 찬물에 담가 소금기를 뺀 후 한입 크기로 썰어 둔다.
3. 참기름을 두른 냄비에 파를 넣고, 숨이 죽을 때까지 소금을 조금 넣어 볶는다.
4. 3에 채수를 자박하게 넣어 끓어오르면 나머지 채수를 모두 넣어 끓이다가 미역을 넣고 끓인다.
5. 간장으로 간을 맞추고, 생강즙을 넣고 불을 끈다.
6. 그릇에 담고 참깨를 올린다.

# * 허브소금

**tip** ✿ 허브소금을 만들어 두면 특별한 조미료 없이 소금만으로 재료의 맛을 한층 더 살릴 수 있어요.

## Ingredients

**| 레몬소금 |**

**재료** … 레몬 2개,
볶은 천일염 100g,
후추 약간

**| 고추소금 |**

**재료** … 고춧가루 1T,
볶은 천일염 100g,
후추 약간

**| 버섯다시마소금 |**

**재료** … 말린표고버섯 10g,
건다시마 3g,
볶은 천일염 100g,
후추 약간

## Recipe

**| 레몬소금 |**

1. 레몬은 식초물(볼에 500cc의 물을 넣고 식초 1~2T)에 조금 담갔다가 끓는 물에 살짝 데친다.
2. 레몬을 얇게 썰어 식품건조기에 바싹 말린다.
3. 믹서에 말린 레몬을 간 후에 천일염과 후추를 넣어 다시 한번 갈아 준다.

   **tip** ✿ 레몬소금은 생야채 샐러드에 살짝 뿌려 먹어도 좋고, 생선이나 해산물 요리의 밑간으로 사용하면 비린내 제거뿐만 아니라 풍미도 살아납니다.

**| 고추소금 |**

1. 모든 재료를 넣어 믹서기에 간다.

   **tip** ✿ 고추소금은 매콤한 요리의 간을 맞추기에 좋고, 육류나 생선의 밑간으로도 좋아요.

**| 버섯다시마소금 |**

1. 시중에 판매하는 건표고버섯과 건다시마의 먼지를 제거한다.
2. 표고버섯과 다시마를 먼저 믹서에 갈아 준 후 천일염과 후추를 넣어 다시 한번 간다.

   **tip** ✿ 버섯다시마소금은 국이나 수프, 찌개의 간을 맞추는 데 좋습니다.

# 4

몸을 따뜻하게
추운 겨울에 대비하는

# '가을'

# 요리 재료

**곡류** : 차조, 기장, 대두, 검은콩, 밤, 현미, 깨

**채소** : 양파, 단호박, 양배추, 브로콜리, 당근, 쑥갓, 배추, 우엉, 연근, 무, 생강, 고들빼기, 더덕, 도라지, 마, 부추, 씀바귀

**버섯** : 느타리버섯, 은이버섯, 능이버섯, 팽이버섯

**해초** : 톳, 김, 다시마

**과일** : 사과, 배, 감, 다래, 대추, 머루, 석류, 귤

**해산물** : 게, 홍합, 대하

가을철에 가장 신경 써야 하는

# 요리 포인트

가을은 가을의 문턱을 가로막는 마지막 더위인 입추와 더위가 물러가는 처서를 기점으로 시작됩니다. 땅 위에서는 여름의 기운이 여전하지만, 땅 아래에서는 가을이 오고 있어 입추와 처서에는 특별히 더 건강에 신경 써야 합니다. 환경이 추운 음성으로 가기 시작할 때 몸은 서서히 따뜻한 양성의 음식을 먹어 추위에 대비하는 것이 좋습니다.

늦여름에서 이른 가을은 장기로 보았을 때 위와 비장에 해당하는 시기예요. 비위에 부담을 주지 않는 소화가 잘되는 음식을 먹고, 곡식과 뿌리채소의 단맛으로 위를 달래 주어야 합니다. 이 시기에 위와 비장을 잘 관리하지 못하면 겨울 내내 소화가 잘 안되는 상태로 머물기 쉽습니다.

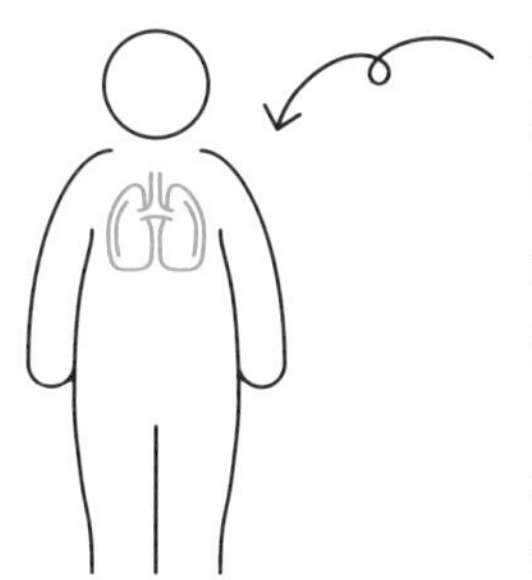

추분을 넘어선 완연한 가을은 장기로 보았을 때 폐에 해당하는 계절입니다. 낙엽이 지면서 감정적인 동요가 일어나 우울증이 나타나기도 쉬운 계절이기도 해요. 이때는 알싸한 매운 맛이 나는 무나 알타리 등을 이용한 요리가 맛있게 느껴집니다. 하지만 매운 맛을 지나치게 먹으면 발산작용이 있어 신체를 건조하게 하므로 대파, 생강, 마늘, 부추, 향신료 등을 너무 많이 먹지 않도록 합니다.

가을에는 통곡물 중심의 채소 식단에 전통 발효된장을 더해 장을 따뜻하게 해주는 것이 좋아요. 여름의 된장국은 채소를 볶지 않고 그대로 넣었다면, 가을의 된장국은 채소를 먼저 볶아 열을 가해 준 후 된장국을 끓입니다. 아침으로는 스무디나 죽 형태의 따뜻하면서도 소화가 잘되는 음식을 먹어 소화에 부담이 없도록 합니다.

또한 가을에는 추운 겨울을 견디기 위해 지방을 축적하려는 몸의 본능적인 반응으로 조금만 방심하면 비만이 되기 쉽습니다. 따라서 지방을 잘 분해하는 무를 요리나 차에 이용하고, 현미밥도 율무나 보리, 햇기장 등 잡곡 하나씩을 섞어 압력밥솥으로 짓는 것이 좋아요.

**가을 요리의 핵심**

① 양성의 조리법을 이용해 요리한다.
② 곡물과 뿌리채소의 단맛을 이용한 요리로 위와 비장을 보호하고, 무나 알타리 등을 이용한 요리로 폐를 보호한다.
③ 과식하면 비만이 되기 쉬운 계절이므로 소식한다.

*

# 가을 된장국

**Ingredients**

재료 … 4인분
우엉 20g, 무 50g,
양파 1/2개, 당근 20g,
건미역 1g,
채수 3.5C, 된장 2T,
대파 약간,
현미유, 참기름

**healthy tip** ● 가을에는 염분기와 기름의 사용을 서서히 늘려 혈액의 농도를 조금씩 진하게 해나가면서 겨울을 준비합니다. 된장국을 만들 때도 채소를 적은 양의 기름에 볶아 단맛을 끌어 올린 후 된장으로 염분을 더해 주세요.

**Recipe**

1. 우엉은 돌려 깎기, 양파는 결 따라 2cm 두께로 썬 후 다시 2등분한다. 당근은 둥글게 썰어 큰 것은 2등분 한다. 무는 1.5×1.5cm 크기로 깍둑썰기를 한다. 대파는 송송 썬다. 건미역은 물에 불린 후 한입 크기로 잘라 준다.
2. 된장은 절구에 갈아 덩어리가 없게 한다. 냄비에 참기름과 현미유를 넣고 양파를 볶다가 우엉, 무, 당근, 연근을 차례로 볶은 후 채수를 1C 넣고 중불로 끓인다.
3. 2가 끓으면 미역과 된장을 넣고 약불로 10분 정도 끓인 후 대파를 넣고 불을 끈다.

*

# 다시마표고조림

## Ingredients

**재료** … 표고버섯 적당량 (채수 우리고 남은 것), 다시마 적당량 (채수 우리고 남은 것), 풋고추 1개

**물** 표고버섯과 다시마가 자박하게 잠길 정도의 양

**간장** 물 2C당 3T

**tip** ✿ 다시마는 동그랗게 말아서 썰면 잘 썰 수 있어요.

## Recipe

1. 채수를 우리고 남은 표고버섯과 다시마를 채 썬다.
2. 풋고추는 씨를 빼고 채 썬다.
3. 분량의 물과 간장을 냄비에 넣고 끓어오르면 1의 표고버섯과 다시마를 넣고 조린다.
4. 물기가 거의 없어질 정도로 조려지면 풋고추를 넣고 물기가 완전히 없어질 때까지 조린다.

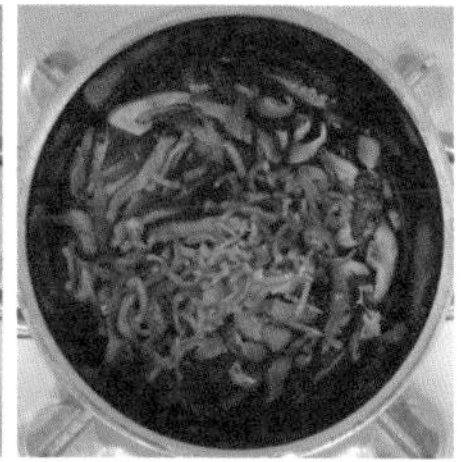

# * 현미고로케

## Ingredients

**재료** … 현미 기장밥 3공기,
당근 1개,
양파 1/2개,
두부 1/3모,
우리밀 통밀가루,
우리밀 빵가루,
소금

**tip** ✿ 고로케처럼 튀긴 음식은 아이들이 좋아하는 메뉴입니다. 단, 튀긴 음식은 한 달에 1~2회 정도만 먹는 것이 좋습니다.

## Recipe

1. 현미 2.5C에 기장 1/4C을 넣어 현미기장밥을 짓는다.
2. 당근은 반은 강판에 갈고, 반은 잘게 다진다. 양파도 잘게 썬다.
3. 두부는 물기를 뺀 후 큐브 모양으로 썰어 둔다.
4. 현미 기장밥에 2의 당근과 양파를 모두 섞는다.
5. 4에 3을 넣은 후 동그랗게 말아 밀가루, 밀가루 물반죽, 빵가루 순서로 묻혀 튀겨 낸다.

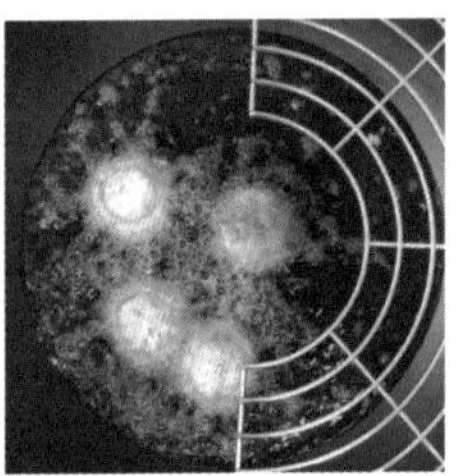

# 무말랭이 고수무침

## Ingredients

**재료** … 무말랭이 40g, 고수 30g, 유부 20g, 볶은 참깨 2t

**무침양념** 쪽파 30g, 잣 10g, 다진 마늘 5g, 다진 생강 5g, 현미식초 2t, 조청 1/2t, 간장 1t, 참기름 2t, 된장 1t, 고춧가루 1t

**healthy tip** ✿ 무를 햇볕에 말린 무말랭이는 일반 무보다 비타민D가 풍부하여 면역력 향상에 도움이 됩니다. 향긋한 고수와 잘 어울려 가을에 자주 찾게 되는 메뉴예요.

## Recipe

1. 무말랭이는 볼에 담아 뜨거운 물에 10분 정도 담가 둔 후 물기를 빼고 먹기 좋은 크기로 썬다. 고수는 4~5cm 길이로 썰어 둔다.
2. 유부는 팬에 구운 후 채 썰어 둔다.
3. 1,2의 재료를 섞는다.
4. 무침양념 재료에서 쪽파는 송송 썰고, 잣은 볶아 잘게 다진 후 나머지 재료와 모두 섞는다. 볼에 모든 재료를 섞어 버무린다.

**healthy tip** 사람의 장기 중 폐와 닮은 연근은 폐 건강에 아주 좋은 식재료입니다. 연근죽은 기침이 잦거나 폐와 기관지가 약한 사람이 수시로 먹어 주면 폐 건강에 많은 도움이 됩니다.

## Recipe

1. 연근은 깨끗이 씻어 껍질째로 강판에 간다.
2. 생강은 즙을 내둔다.
3. 냄비에 채수를 넣고 끓인다.
4. 채수가 끓기 시작하면 갈아 놓은 연근과 생강즙을 넣고 끓인다.
5. 죽을 그릇에 담고 깨소금을 올려 먹는다.

## Ingredients

**재료** … 간 연근 1C,
생강즙 1/2t,
채수 3C,
검은 깨소금

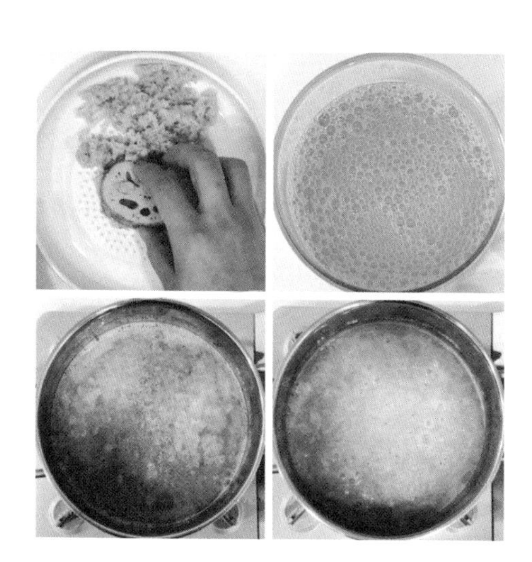

# 파된장

**healthy tip** ✽ 파는 해독력과 살균력이 있고, 된장은 면역력을 높여 주며 몸을 따뜻하게 합니다. 파와 된장에 찰떡궁합인 참기름을 넣으면 맛은 물론 음양 체질과 관계없이 먹을 수 있어요. 파된장 자체로만 먹어도 좋고, 된장국을 끓여 먹거나 쌈장으로 먹어도 좋습니다.

## Ingredients

**재료** … 대파 3개(250g),
된장 1.5T,
물 2T,
볶은 참깨 1.5T,
참기름 약간

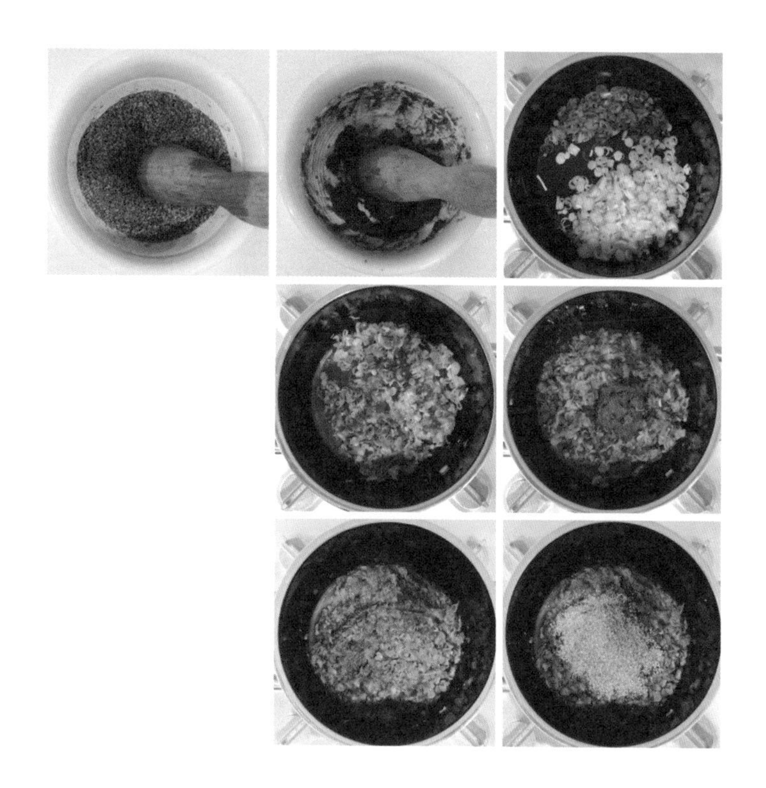

## Recipe

1. 참깨는 더러운 것을 골라내고 깨끗이 씻어 물기를 빼고, 볶아서 절구에 살살 빻아 둔다.
2. 된장은 절구에 곱게 갈아 둔다.
3. 파는 초록 부분과 흰 부분으로 나누어 0.1cm 간격으로 송송 썰어 둔다.
4. 냄비에 참기름을 넣고 파의 초록 부분을 볶다가 흰 부분을 볶는다.
5. 4에 분량의 물을 넣고 뚜껑을 닫고 약불에 익힌다.
6. 파가 푹 익으면 파 위에 된장을 얹고 다시 한번 약불에 푹 익힌다.
7. 물기가 사라지면 1의 빻은 참깨를 넣어 섞듯이 볶고 바로 불을 끈다.

# 현미떡국

**tip** ✿ 현미떡국을 불려 놓은 상태에서 끓이면 금방 퍼질 수 있으므로 끓어오르면 바로 불을 꺼 주세요.

## Recipe

1. 현미떡국은 2~3시간 전에 물에 불려 놓는다.
2. 당근은 반달썰기한 뒤 소금을 조금 뿌려 두고 양파는 채 썬다.
3. 표고버섯은 작은 은행잎 모양으로 썰어 간장에 조물조물 무쳐 놓는다.
4. 냄비에 유부를 넣어 구운 후 꺼내 식히고 얇게 채 썰어 놓는다.
5. 4의 냄비에 양파와 당근을 소금을 조금 넣어가며 볶다가 채수를 자박하게 넣어 끓인다.
6. 5가 끓으면 나머지 채수와 표고버섯, 유부를 넣어 한소끔 더 끓인다.
7. 6에 현미떡국을 넣고 간장과 소금으로 간을 한 후 대파를 넣고 불을 끈다.

## Ingredients

재료 … 3인분
현미 떡국떡 500g,
양파 1/2개,
당근 15g,
표고버섯 2개
(채수 우리고 남은 것),
유부 3개,
대파 1/4개,
채수 6C,
조선간장,
소금

*

# 허브소스 연근샐러드

## Ingredients

**재료** … 연근 100g,
당근 80g,
채수 100cc,
참기름 1t

**소스** 다시마 5g
(채수 우리고 남은 것),
로즈마리 1줄기,
올리브오일 1t,
볶은검은깨 1T, 소금 1t

**healthy tip** ✿ 여름의 잎채소 샐러드와 달리 익힌 뿌리채소에 다시마를 넣으면 몸을 차게 하지 않으면서 맛있게 먹을 수 있는 가을의 샐러드가 됩니다.

## Recipe

1. 연근과 당근은 2mm 정도의 두께로 자른 후, 단면을 크기에 따라 2~4등분으로 자른 후 소금을 조금 뿌려 둔다.
2. 다시마와 로즈마리, 볶은검은깨는 잘게 다져 소스의 나머지 재료와 섞어 둔다.
3. 냄비를 데운 후 참기름을 넣고 당근과 연근을 볶다가 채수를 넣고 뚜껑을 닫은 후 중불로 물이 없어질 때까지 조린다.
4. 3에 소스를 넣고 버무린다.

*

# 간장소스 숙주전복찜

## Ingredients

재료 … 전복 4개,
숙주 200g,
대파 1/2개,
홍고추 1/4개,
풋고추(소) 2개

간장소스 맛간장 2.5T, 채수 1C,
채 썬 양파 1/2개,
마른고추 1개, 참기름 1t

## Recipe

1. 전복은 솔로 문질러 깨끗이 씻고 물과 청주를 조금 넣어 7분 정도 찐다. 전복 이빨은 칼로 도려내 0.3mm 두께로 얇게 썬다. 파와 홍고추는 얇게 채 썬다.
2. 숙주는 소금을 넣은 끓는 물에 1분 정도 데친 후 찬물에 헹궈 물기를 빼둔다.
3. 간장소스는 냄비에 참기름을 뺀 나머지 재료를 모두 넣어 끓이다가 2/3정도 줄어들면 참기름을 넣고 불을 끈 후 식힌다.
4. 4를 접시에 부은 후 전복을 둘러 놓고, 가운데에 숙주와 파, 고추를 올려놓는다.

# * 단호박현미잣죽

**tip** ✿ 아침 식사로 인기 있는 메뉴입니다. 맛도 좋으면서 속을 편안하게 하고, 에너지도 보충해 줍니다.

## Recipe

1. 단호박은 씨를 빼고, 껍질째로 깍둑썰기를 하고, 양파는 결 따라 채 썬다.
2. 냄비를 달군 후 채수를 조금 넣어 양파를 소금을 넣어 주고 볶다가 매운 냄새가 사라지면 단호박을 볶아 준다.
3. 단호박이 반짝거리며 익기 시작하면 월계수잎과 채수를 자박하게 넣어(1C 정도) 한소끔 끓여 준 후 약불로 줄여 뭉근히 끓인다.
4. 3에 잣과 현미밥, 채수 1C을 더 넣고 한소끔 끓인 후 불을 끄고 월계수 잎을 뺀 후 핸드 블렌더로 갈아 준다. 너무 많이 갈지 않고, 호박과 잣의 형태가 조금씩 보일 정도로 갈아 준다.
5. 남은 채수를 모두 넣고 뭉근히 끓인 후 간이 덜 되었다면 소금으로 한다.

## Ingredients

재료 … 3인분
현미밥 1공기,
미니단호박 1/2개,
양파 1/2개,
잣 2T,
월계수잎 1개,
채수 3C,
소금

# 참깨된장 파래후리카케

**healthy tip** ✿ 단백질, 지방, 미네랄, 비타민이 골고루 조화된 요리입니다. 밥이나 수프, 죽, 국, 국수 등 모든 요리에 함께 곁들이기 좋아요. 환자의 경우 죽에 얹어 먹으면 특별한 반찬이 없어도 충분한 음식이 됩니다. 모든 재료는 물기가 없이 고슬고슬하게 볶아야 하고, 만든 뒤에는 냉장 보관하며 먹습니다.

### Ingredients

**재료** … 참깨 1/4C,
된장 1/4C,
파래 가루 2T,
다진 생강 2g,
현미유

### Recipe

1. 참깨는 이물질을 잘 걸러 내고, 깨끗이 씻어 물기를 제거한다.
2. 참깨를 팬에 잘 익힌 후 절구통에서 너무 힘을 주지 않고 살살 갈아 준다.
3. 2에 된장을 넣고 섞으면서 한 번 더 갈아 준다.
4. 팬에 현미유를 조금 두르고 3을 넣어 수분이 완전히 사라질 때까지 중약불로 저어 가면서 익힌다.
5. 불을 끄기 직전에 생강을 넣고 살짝 볶아 준 후 불을 끄고 파래를 넣어 섞어 준다.

*

# 무사과소스무침

**Ingredients**

**재료** … 무 200g,
사과 1/2개,
소금,
매실식초 1t

**Recipe**

1. 사과는 씨를 제거하여 껍질째로 반쪽을 2등분하고, 무는 2mm 두께로 은행잎 모양으로 썬다. 두 재료에 모두 소금을 약간 뿌려 3-4분간 둔다.
2. 냄비에 무를 넣고 약불로 7~8분 정도 익힌다.
3. 사과는 강판에 갈아 매실식초와 소금으로 간을 한 후 1의 무와 함께 버무린다.

**healthy tip** ● 여름의 샐러드와 달리 열을 가해 익힌 뿌리채소로 간편하게 만들 수 있는 샐러드입니다. 음성의 성질이 있는 채소에 소금을 뿌려 두면 채소 속의 단맛을 끌어낼 수 있어요. 자연의 단맛이므로 급격히 혈당을 올리지 않으면서도 맛있게 먹을 수 있습니다.

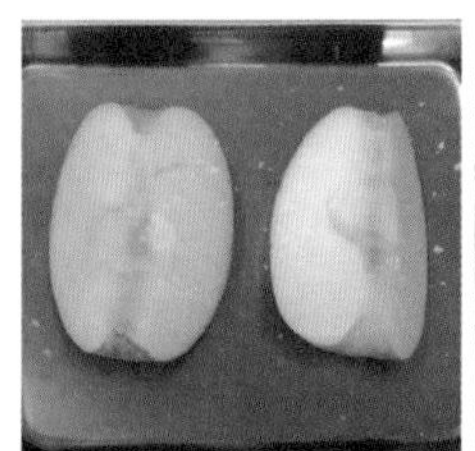

*

# 중화식

# 유부단호박볶음

## Ingredients

**재료** … 유부(5×5cm) 5장,
단호박 200g,
양파 100g,
목이버섯 100g
(흰색, 검은색),
다진 마늘 3g,
다진 생강 3g,
참기름,
칡전분(물에 개어 놓은 것) 적당량, 소금

**볶음양념** 현미식초 1T, 간장 2T,
조청 1/2T, 채수 50cc,
청주 2T

## Recipe

1. 유부는 끓는 물에 데친 후 먹기 좋은 크기로 자른다. 양파는 2.5cm 정도의 길이로 깍둑썰기 하고, 단호박은 한입 크기로 자른 후 각각 소금을 조금 뿌려 둔다.
2. 목이버섯도 한입 크기로 자른다. 냄비에 참기름을 두르고 약불로 생강과 마늘을 볶다가 마늘의 좋은 냄새가 나면, 불을 키운 후 양파, 단호박을 순서대로 볶는다.
3. 양파와 단호박이 반짝거리며 익으면 물 50cc를 넣고 3~5분 뚜껑을 닫고 익힌다.
4. 3의 냄비에 1의 모든 재료와 볶음양념을 넣고 센불로 강하게 1~2분 정도 볶다가 칡전분을 넣고 한 번 더 볶은 후 참기름을 살짝 두르고 불을 끈다.

# * 현미누룽지탕

**tip** ✿ 현미누룽지를 튀기지 않고, 그대로 소스를 올려 먹어도 좋습니다.

### Recipe

1. 현미누룽지는 기름에 살짝 튀긴다.
2. 파와 당근, 유부는 채 썰고, 황금송이버섯은 한입 크기로 자른다.
3. 생강은 잘게 다지고, 건목이버섯은 물에 불린 후 먹기 좋은 크기로 자른다.
4. 누룽지탕 소스의 재료를 모두 섞는다.
5. 냄비에 참기름을 두르고 파, 당근, 송이버섯, 목이버섯 순서로 볶다가 물 50cc를 넣고 약불에 3~4분 정도 익힌다.
6. 5의 냄비에 채수와 소스, 유부를 넣고 끓어오르면 칡전분을 넣어 걸쭉하게 한다.
7. 그릇에 1의 누룽지를 담고 6의 소스를 얹은 후, 참기름을 1~2방울 떨어뜨린다.

### Ingredients

**재료** … 현미누룽지 120g,
파 60g,
팽이버섯 60g,
건목이버섯 10g,
당근 60g,
생강 5g,
유부(5×5cm) 3장,
물 50CC,
채수 2.5C,
참기름,
칡전분(물에 풀어 놓은 것) 적당량

**소스** 소금 1t, 간장 1T,
청주 1T, 조청 1/2t

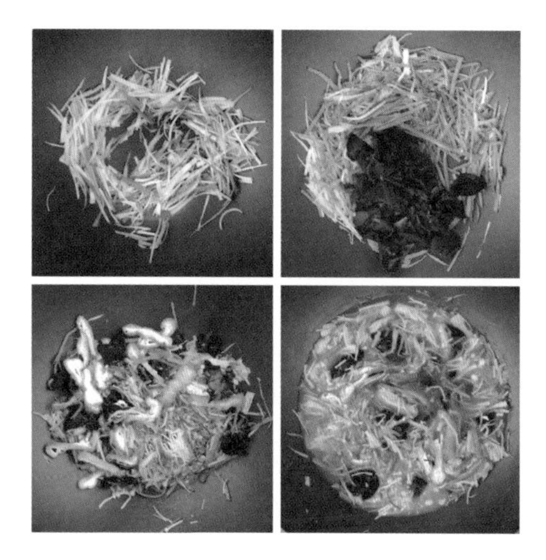

# * 톳배루꼴라 샐러드

## Ingredients

**재료** ··· 찐 톳 7g(+물 50cc, 간장 1/2T, 현미유), 배 1/2개, 베이비루꼴라 40g, 건포도 20g, 소금, 올리브유 1T, 후추

**tip** ✿ 가을 제철 과일인 배를 톳과 함께 배합하여 몸을 따뜻하게 합니다. 톳의 구수함과 배의 달콤함, 가을의 맛인 베이비루꼴라의 알싸함이 조화로운 가을 샐러드입니다.

## Recipe

1. 찐 톳은 3cm 길이로 자른다. 배는 껍질을 벗겨 채 썬 후 소금을 약간 뿌려 둔다.
2. 찐 톳을 냄비에 현미유를 두르고 볶다가 물과 간장을 넣고 약불로 뚜껑을 닫고 조린다. 탈 것 같으면 물을 조금 더 넣어 준다.
3. 볼에 찐 톳과 배, 올리브유, 후추를 넣어 섞어 준 후 루꼴라를 넣어 한 번 더 섞는다.

*

# 사과두부 샐러드

### Ingredients

**재료** … 사과(대) 1개,
호두 10g,
두부 1/2모(+소금)

### Recipe

1. 사과는 8등분한 뒤 다시 5~6등분으로 자른다. 호두는 팬에 구운 후 다진다.
2. 두부는 끓는 물에 데쳐 물기를 뺀 후 소금을 넣어 절구에 빻아 둔다.
3. 빻은 두부에 호두를 섞는다.
4. 3에 사과를 섞어 준다.

# * 가을의 오픈 샌드위치

**tip** ✿ 다양한 색과 맛의 오픈 샌드위치는 가을 소풍 도시락이나 초대 음식으로도 좋아요.

## Ingredients

**| 당근스프레드 |**

**재료** … 당근 1/2개,
크랜베리 20g,
통밀 바게뜨빵 4장

**샌드위치속** 올리브오일 2T,
홀그레인머스터드 1t,
소금 1/2t, 현미식초 1T,
레몬즙 1/2T, 후추

**| 단호박스프레드 |**

**재료** … 단호박 1/2개,
두부마요네즈 1/2C,
루꼴라 약간, 소금

**| 얼린두부스프레드 |**

**재료** … 얼린 두부 1/2모,
양파 1/4개,
현미유,
소금, 강황 1T,
두부마요네즈 1/2C

*** 두부마요네즈**

**재료** … 두부 100g, 두유 50cc,
현미유 4T, 현미식초 1T,
메이플시럽 1T,
소금, 후추

## Recipe

**| 당근스프레드 |**

1. 당근은 채 썰어 소금을 약간 뿌려 둔다.
2. 크랜베리는 잘게 다진다.
3. 샌드위치속 재료를 모두 섞은 후 당근과 크랜베리와 잘 버무려 빵 위에 올려 먹는다. 빵은 오븐에 살짝 구워 먹어도 좋다.

**| 단호박스프레드 |**

1. 단호박은 쪄서 믹서에 간다.
2. 볼에 단호박, 두부마요네즈를 섞고 소금 간을 하고 루꼴라를 올린다.

**| 얼린두부스프레드 |**

1. 얼린 두부는 하루 전 냉장고에서 해동시킨 후 믹서에 소보로 형태로 간다.
2. 양파는 다져서 소금을 뿌린 후 물기를 짠다.
3. 1의 두부를 기름 두른 팬에 소금, 강황을 넣어 볶는다.
4. 볼에 3의 두부와 2의 양파, 두부마요네즈를 섞은 후 소금으로 간한다.

*** 두부마요네즈**

1. 믹서에 두부와 두유를 넣고 간다.
2. 1에 식초, 메이플 시럽을 넣고 간 후 현미유는 점도를 보면서 조금씩 넣어 주며 간다. 마지막에 소금, 후추로 간한다.

# * 단호박양송이 누룩수프

**tip** ✿ 누룩소금만으로 간을 하여 깔끔하고 담백한 맛이에요.

## Recipe

1. 양배추는 잎과 줄기를 구분하여 잎은 한입 크기로 썰고 줄기는 얇게 채 썬다.
2. 단호박과 양송이버섯은 깍둑썰기 해둔다.
3. 냄비에 현미유를 조금 두르고 양배추, 단호박 순으로 넣고 볶는다.
4. 채수를 자박하게 넣어 한소끔 끓어오르면 버섯을 넣고 약불로 뭉근히 10분 정도 더 끓인다.
5. 누룩소금(164쪽 참고)을 넣어 간을 맞추고 불을 끈다.

## Ingredients

재료 … 4인분
양배추 4장,
미니단호박 1/2개 (150g),
양송이버섯 5개,
채수 3C,
누룩소금 1~2T,
현미유

*

# 기장무볶음

## Ingredients

**재료** … 무 100g,
홍고추 1/2개,
기장 1/4C,
올리브오일,
허브소금,
마늘 2쪽

**healthy tip** ● 위장 기능에 도움을 주는 곡물을 무와 함께 색다르게 먹을 수 있습니다. 허브소금이 없을 때는 구운소금에 후추를 조금 넣어도 괜찮아요. 이른 가을무는 맵고 맛이 없으므로 맛있는 늦가을 무로 요리하는 것이 좋습니다.

## Recipe

1. 기장은 물 2C을 넣고 익혀 둔다.
2. 무는 필러로 벗겨 둔다.
3. 마늘은 편 썰기 하고, 홍고추는 얇게 채 썬다.
4. 냄비에 올리브오일을 두르고 마늘기름을 낸 후 무를 볶아 준다.
5. 무가 익으면 수수와 홍고추를 넣고 허브소금(122쪽 참고)으로 간한다.

*

# 단호박팥조림

**Ingredients**

**재료** … 팥 1/2C,
물 5C(팥의 10배),
소금 1/2t,
단호박 75~150g

**healthy tip** ✿ 가을의 단호박 팥조림은 신장을 깨끗이 하는 데 더없이 좋은 음식입니다. 특히 당뇨질환이 있는 사람은 매일 아침 조금씩 먹어 주면 좋습니다. 물기가 없는 방식으로 조리하고 싶으면 물을 팥의 7~8배 정도를 넣고 같은 방법으로 조리합니다.

**Recipe**

1. 팥은 벌레 먹은 것이나 상한 것을 잘 골라내 깨끗이 씻고, 단호박은 깍둑썰기 한다.
2. 냄비에 팥과 팥의 3배의 물을 넣어 뚜껑을 닫고 중불에 익힌다. 끓어오르면 뚜껑을 열고 팥의 풋내가 사라질 때까지 익힌다. 풋내가 사라지면 뚜껑을 닫고 약불로 줄여 나머지 분량의 물을 조금씩 넣어 가면서 팥이 부드러워질 때까지 익힌 후 소금 1/4t와 나머지 물을 모두 넣어 익힌다.
3. 2에 단호박과 나머지 분량의 소금을 넣고 단호박이 부드러워질 때까지 익힌다.

# 구운대파 스파게티

**tip** ✿ 파에 소금을 넣고 구운 것만으로 단맛이 나는 스파게티입니다. 스파게티면 대신 우동면이나 메밀면을 써도 좋습니다. 국물이 조금 더 있는 것을 원하면 채수나 면 삶은 물을 더 넣어 주세요.

## Ingredients

**재료 … 4인분**

대파 3개,
양송이버섯 4개,
적양배추 40g,
쑥갓 100g,
채수 1C,
마른 홍고추 1개,
마늘 2쪽,
통밀 스파게티 500g,
올리브오일 적당량,
볶은검은깨 약간,
소금

## Recipe

1. 파는 잘 다듬어 4~5cm 길이로 썬다. 적양배추는 채 썰어 소금을 조금 뿌려 두고, 마늘은 잘게 다지고, 홍고추는 송송 썬다. 양송이버섯은 결 따라 썰어 둔다. 쑥갓도 4~5cm 길이로 썰어 둔다.
2. 검은깨는 볶아 절구에 살살 갈아 둔다.
3. 팬에 기름을 두르고 파를 소금을 조금 넣어 구운 후 노릇해지면 물을 1~2T 정도 넣은 후 뚜껑을 닫고 2~3분 정도 익힌다.
4. 스파게티면은 소금을 1T 정도 넣고 면이 완전히 익지 않게 8분 이내로 삶는다.
5. 팬에 올리브유, 마늘, 고추를 올리고 마늘에서 좋은 냄새가 나면 양송이버섯과 양배추를 소금을 조금 넣어 가면서 센불에 볶는다.
6. 5의 팬에 4의 스파게티면과 채수를 넣고 볶다가 쑥갓잎, 볶은검은깨, 1의 대파를 넣고 빠르게 볶은 후 불을 끈다.

# * 노버터 노설탕 고구마케이크

tip ✿ 케이크에 버터와 설탕을 넣지 않았지만 재료만의 단맛이 살아 있어 아이들 간식으로도 좋습니다. 오븐 없이 어렵지 않게 만드는 요리입니다.

## Recipe

1. 고구마 2개는 삶아 껍질을 벗긴 후 으깨어 식혀 놓고 나머지 반 개는 껍질째 깍둑썰기 해놓는다.
2. 계란은 노른자와 흰자를 분리해 놓고, 호두는 잘게 부수어 둔다.
3. 으깨어 놓은 고구마에 계란 노른자와 현미유, 아몬드밀크, 시나몬파우더를 넣고 잘 섞는다.
4. 3에 고운체에 거른 통밀가루를 잘 섞는다.
5. 흰자는 거품기로 거품을 낸다.
6. 4에 5의 계란 흰자, 크랜베리, 호두를 넣고 잘 섞는다.
7. 찜용 그릇에 유산지를 깔고 깍둑썰기 해놓은 고구마를 바닥에 몇 개 깔아 준다.
8. 그릇의 70%까지 반죽을 채우고 남은 고구마로 장식한다.
9. 김이 오른 찜기에서 중약불로 30분 정도 쪄준다.

## Ingredients

**재료** … 우리밀 통밀가루 140g,
현미유 2T,
아몬드밀크 3T,
계란 2개,
고구마 2.5개,
크랜베리 적당량,
호두 적당량,
시나몬파우더 1T

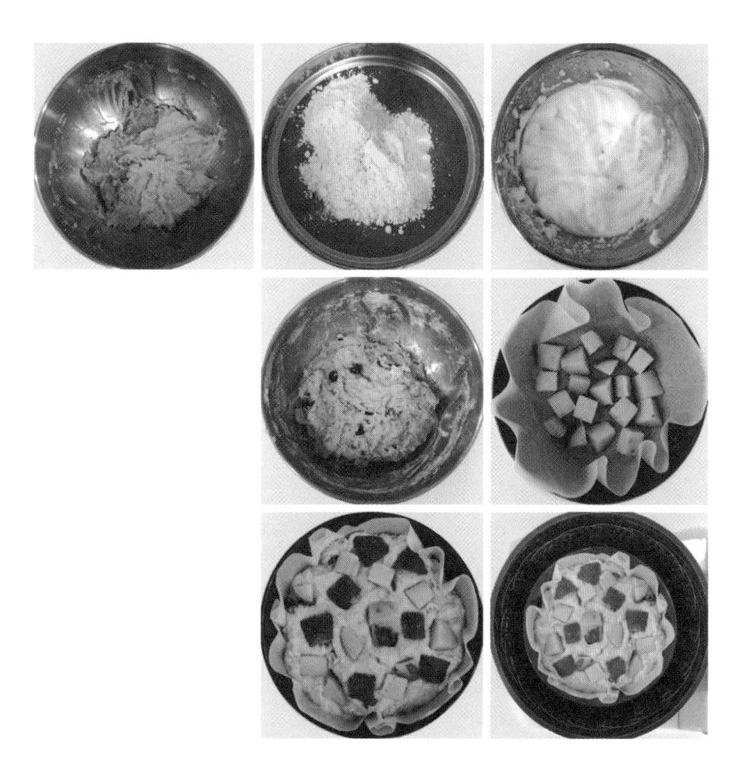

**healthy tip** ✿ 가을날은 곡물 위주의 식사가 약이 됩니다. 곡물포타주는 특히 가을 아침 식사로 좋아요. 레시피에 쓰인 퀴노아나 아마란스는 조, 기장, 수수 등으로 대신할 수 있고, 채소도 냉장고에 있는 것으로 대신해도 괜찮습니다.

## Ingredients

**재료** … 퀴노아 1/4C,
아마란스 1/4C,
당근 30g,
양배추 70g,
양파 1/2개,
만송이버섯 70g,
월계수잎,
채수 3.5C,
현미유,
소금

## Recipe

1. 퀴노아와 아마란스는 깨끗이 씻어 놓는다.
2. 당근, 양배추, 양파, 만송이버섯은 잘게 다진다.
3. 냄비에 기름을 조금 두르고 양파, 당근, 양배추, 만송이버섯 순서대로 소금을 조금씩 뿌려 가면서 볶다가 채수를 자박하게 넣어 한소끔 끓인다.
4. 3에 퀴노아와 아마란스, 월계수잎을 넣고 약불로 줄여 익힌다.
5. 채소와 곡물이 모두 부드럽게 잘 익으면 소금으로 간하고 불을 끈다.

# 햇밤포타주

**tip** ✿ 곡물포타주와 마찬가지로 가을 아침 식사로 부족함이 없는 음식입니다. 애플민트 대신 깨소금을 얹어 먹어도 좋습니다.

### Ingredients

**재료** ··· 양파 1/2개,
단호박 150g,
밤 200g,
현미밥 1/2C,
두유 200cc,
된장 1t,
채수 300cc,
참기름,
소금,
애플민트

### Recipe

1. 밤은 삶아 껍질을 까둔다. 양파는 다지고, 단호박은 나박 썰기 해둔다.
2. 냄비에 참기름을 조금 넣고 양파를 좋은 냄새가 날 때까지 소금을 뿌려 가며 볶은 후 단호박을 볶는다.
3. 단호박이 반짝반짝 빛나면 채수를 자작하게 넣고 한소끔 끓인다.
4. 3에 남은 채수와 밤, 현미밥, 된장을 넣고 뭉근한 불에 익힌다.
5. 밤이 익으면 불을 끄고 핸드 블렌더로 거칠게 갈아 준 후 두유를 넣고 한소끔 더 끓인다.
6. 그릇에 담고 애플민트를 올린다.

tip ✿ 누룩소금은 나물을 무치거나 국에 간을 할 때처럼 여러 요리에 쓸 수 있어요. 누룩소금으로 맑은 국을 끓일 수도 있고, 된장과 함께 요리하기도 합니다. 간장이나 소금으로 간하기가 애매할 때 사용하면 좋습니다.

## Recipe

1. 밀페 유리통에 모든 재료를 넣고 잘 섞어 준다.
2. 벌레가 들어가지 않으면서 공기가 약간 통할 수 있도록 뚜껑이나 랩을 살짝 위에 걸쳐 준다.
3. 7일간 매일 한 번씩 저어 준 후 핸드 블렌더로 간다.
4. 3을 고운체로 옮기고 수저로 잘 긁어내린 뒤 곱게 걸러지면 냉장 보관한다.

## Ingredients

**재료** … 현미밥 300g,
이화곡 60g,
소금 70g,
물 100cc

5

# 좋은 영양소만 담아 면역력을 높이는 '겨울'

# 요리 재료

**곡류** : 팥, 현미, 검정콩, 검정깨, 귀리, 메밀

**채소** : 무, 배추, 늙은 호박, 연근, 우엉, 토란, 더덕, 무말랭이, 무시래기, 말린 채소, 고구마, 당근, 죽순

**버섯** : 목이버섯, 표고버섯

**해초** : 김, 미역, 다시마, 톳

**과일** : 유자, 귤, 배, 사과

**해산물** : 해삼, 대하, 가리비, 굴, 꼬막

겨울철에 가장 신경 써야 하는

# 요리 포인트

겨울은 응축 작용으로 모든 것을 빨아들이는 에너지가 발현되는 계절입니다. 추운 외부 환경에 맞서 체온을 유지하기 위해 들어온 음식들을 가급적 내보내지 않고 저장시켜 노폐물이 쌓이기 쉬운 계절이기도 합니다. 일조량이 적은 겨울은 비타민 D의 보충이 쉽지 않고, 운동량도 많지 않아 기본적인 체력과 면역력이 가장 약해질 수 있는 계절이에요.

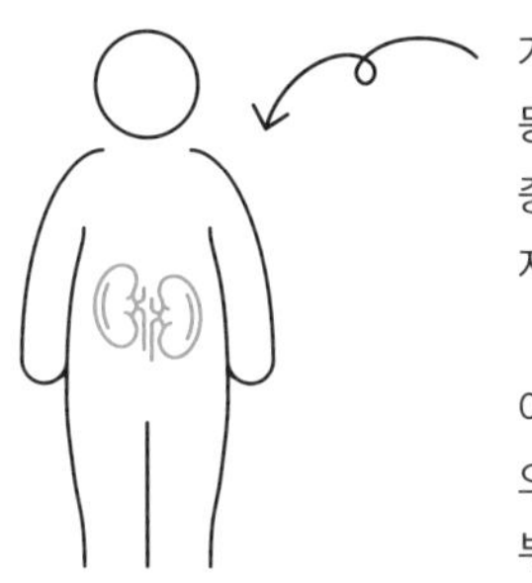

겨울은 장기로 보았을 때 신장에 해당하는 계절입니다. 따라서 신장염, 요실금, 수종 등의 병이 발병하기 쉬워요. 또한 면역력이 약해져 감기, 관절염, 고혈압 등의 병도 가중되기 쉽지요. 신장은 짠맛과 연결되므로 적절한 염분은 섭취하되 지나치게 짜게 먹지 않도록 주의해야 합니다.

이때 짠맛은 맛소금과 같은 화학적 소금이 아닌 전통 발효한 된장과 간장, 자연소금으로 내야 합니다. 되도록 인공조미료는 사용을 피해 주세요. 팥과 단호박은 신장에 부담을 줄여 주는 음식으로 책에 나오는 단호박 팥조림은 신장 및 당뇨 질환, 신장 기능이 약해진 분 또는 고령자가 가을 겨울 내내 하루에 조금씩 먹으면 좋습니다.

겨울은 몸을 따뜻하게 하고, 면역력을 키우는 것에 집중해야 하는 시기입니다. 당근, 토란, 연근, 우엉 같은 뿌리채소를 적극 활용해 간장으로 조리거나, 무수분 찜, 된장국 등에 넣어 요리해 보세요. 압력솥에 지은 현미밥이 가장 맛있게 느껴지는 계절이므로 현미밥에 톳, 볶은 뿌리채소 등을 넣어 양기를 더해 주는 것도 좋습니다.

겨울에는 구이나 오븐요리, 조림 같은 조리법을 활용합니다. 예를 들어 된장국을 요리한다면 약간의 현미유나 참기름을 두르고 채소를 볶다가 채수를 넣고 끓입니다. 단, 소화 흡수에 부담이 되는 환자는 기름 대신 채수를 넣어 볶아 주세요.

겨울에는 몸을 차게 하는 열대과일과 토마토, 피망, 오이 및 주스류 및 커피나 홍차는 삼가야 합니다. 추위를 느낄 때는 따뜻한 차를 마시는 것보다 따뜻한 욕조에서 목욕을 하는 것이 체온을 올리는 데 도움이 됩니다. 또한 겨울철 과한 수분 섭취는 몸에 체류해 체온을 낮출 수 있으니 주의합니다.

**겨울 요리의 핵심**

① 전통발효 된장과 간장을 이용한 조림과 구이, 오븐요리에 적당한 계절이다.
② 당근, 토란, 연근, 우엉 등 뿌리채소를 요리에 적극 활용한다.
③ 주식은 압력솥을 이용한 현미밥을 이용한다.
④ 몸을 차게 하는 열대과일과 생채소, 주스 및 커피류는 삼가는 것이 좋고, 차를 마시기보다는 따뜻한 목욕으로 체온을 올려 준다.

# * 만능볶음된장

**healthy tip** ✿ 뿌리채소로 만드는 만능볶음된장은 채소를 되도록 아주 잘게 써는 것이 포인트입니다. 이 볶음된장은 새로운 혈액을 만드는 데 좋은 음식으로 빈혈기가 있는 사람은 매일 먹어 주면 좋고, 중병의 환자들은 현미죽에 얹어 먹으면 기력 회복에 좋습니다. 건강한 사람은 조금씩 밥에 얹어 먹어 주세요. 된장은 밀폐용기에 넣어 보관합니다.

### Ingredients

**재료** … 우엉 100g,
연근 50g,
당근 40g,
생강 5g,
된장 200g,
참기름 3T

### Recipe

1. 모든 채소는 아주 잘게 다진다.
2. 약불로 팬을 달군 뒤 참기름을 1.5T 두르고 우엉을 볶는다.
3. 우엉의 좋은 냄새가 나면 팬의 한편으로 밀어 놓고, 참기름 1/2T를 넣어 연근을 볶는다.
4. 연근이 어느 정도 익으면 우엉과 함께 섞어 다시 볶는다.
5. 잘 볶아졌으면 팬의 한쪽 편에 몰아 두고 당근을 넣어 같은 방법으로 볶는다.
6. 채소가 누글누글하게 잘 익으면 다시 한편에 몰아 놓고, 참기름 1T를 넣은 후 된장을 볶는다.
7. 된장이 잘 볶아졌으면 채소와 섞어 약불로 지긋이 익힌다. 탈 것 같으면 중간중간 젖은 행주를 팬 위에 올려 열을 식힌 후 볶아 준다.
8. 수분이 거의 없어진 상태가 되면 생강을 넣어 가볍게 볶고 전체적으로 잘 섞은 후 불을 끈다.

# 달콤양파 채소전골

**healthy tip** ● 양파를 얼마나 잘 볶느냐에 따라 전골의 맛이 달라집니다. 양파를 소금과 함께 충분히 볶은 후 채수와 간장으로 국물을 하면 예상치 못한 단맛에 놀랄 거예요. 같은 국물에 우동면이나 칼국수면을 넣어 먹어도 좋습니다. 자연의 단맛이 주는 가을의 건강한 메뉴입니다.

## Recipe

1. 알배추는 한 장씩  떼어 두고, 느타리버섯은 밑동은 살짝 잘라 낸다.
2. 양파는 채 썰고, 유부는 뜨거운 물에 살짝 데쳐 물기를 빼둔다.
3. 표고버섯은 방사형으로 썰고, 기둥은 잘게 찢어 두고, 생강은 잘게 다진다.
4. 죽순은 얇게 채 썰어 한입 크기로 잘라 둔다.
5. 대파는 흰 부분과 초록 부분을 나누어 채 썰고, 홍고추는 어슷썰기, 청양고추는 송송 썬다.
6. 곤약은 소금을 뿌려 둔 뒤 뜨거운 물에 데쳐낸 후 3mm 두께로 잘라 가운데 칼집을 내고 한쪽 끝을 가운데의 칼집 사이로 넣어 모양을 낸다.
7. 냄비에 채수를 넣고 양파를 소금을 뿌려 가며 달콤한 냄새가 날 때까지 충분히 볶다가 채수양념의 1/2을 넣고 다시 한번 찌듯이 볶는다.
8. 7의 볶아진 양파 위에 채수양념의 나머지 1/2과 함께 모든 재료를 넣고 바글바글 끓여 먹는다.

## Ingredients

**재료** … **4인분**
알배추 8장,
유부 4장,
양파1개, 대파 1개,
표고버섯 2개,
느타리버섯 70g,
죽순 50g,
곤약 100g,
홍고추 1개,
청양고추 1/2개,
갈은 생강 2t,
채수 약간, 소금

**채수 양념** 채수 2C, 양조간장 2T,
조선간장 2t

# * 뿌리채소현미밥

### Ingredients

**재료** … 현미 2C,
물 750cc(쌀의 1.5배),
소금 1/4t,
우엉 50g,
연근 20g,
죽순 40g,
단호박 40g,
표고버섯 2장,
참기름 1/2T,
간장 1t

**tip** ✿ 밥맛이 없을 때 특별한 반찬 없이 된장국, 김치 하나로 먹을 수 있는 겨울의 영양밥입니다.

### Recipe

1. 우엉은 돌려 깎아 썰고, 연근과 죽순은 2mm 두께로 2×2cm 크기로 나박썰기 한다. 단호박은 5mm 두께로 5×5cm 크기로 나박썰기 한다.
2. 건표고버섯은 물에 불린 후 간장으로 조물조물 무쳐 둔다.
3. 달구어진 팬에 참기름을 넣고, 우엉을 볶다가 우엉의 고소한 냄새가 나면 덜어 낸 후, 같은 팬에 1의 표고버섯, 죽순, 단호박, 연근을 넣고 볶는다.
4. 압력솥에 현미와 물, 소금, 3의 모든 재료를 넣고 밥을 짓는다.

*

# 구운대파마리네

## Ingredients

재료 … 대파 2개,
청주 1T,
레몬 4조각,
현미유

소스 현미식초 30cc,
레몬즙 2T,
간장 3T

**healthy tip** ✿ 구운대파마리네는 겨울에 기침이 나거나 목이 아플 때 먹어 주면 좋습니다.

## Recipe

1. 대파를 깨끗이 씻어 4~5cm 길이로 자른다.
2. 레몬은 얇게 썰어 준비한다.
3. 팬에 기름을 두르고, 소금을 뿌려가며 대파를 익힌다.
4. 파가 갈색 빛이 나면 청주를 넣고 뚜껑을 덮어 익힌다.
5. 볼에 소스의 재료를 섞고 3의 익힌 파와 레몬을 넣어 식힌 다음, 냉장고에 3~4일 보관했다가 먹는다.

# * 양배추된장조림

### Ingredients

재료 … 양배추 200g,
만송이버섯 70g,
된장 1T,
현미유,
소금,
물3T,
청주1t

tip ✿ 간단하면서도 식욕을 돋우는 인기 메뉴입니다. 밥 위에 얹어 덮밥 형태로 먹어도 좋습니다. 된장에 따라 염도가 다르므로 된장의 양은 알맞게 가감합니다.

### Recipe

1. 양배추의 잎은 결 따라 썬 후 한입 크기로 자르고, 두꺼운 심지 부분은 채 썬다.
2. 만송이버섯은 2cm 크기로 송송 썬다.
3. 냄비에 기름을 두르고, 소금을 뿌려 가면서 양배추를 볶는다.
4. 3에 물과 청주를 넣고 뚜껑을 덮고 찐다.
5. 양배추가 익으면 만송이버섯을 넣고 된장을 넣고 약불에 익힌다. 냄비 안의 채소가 흐물흐물 해지면 넣었던 된장을 잘 섞어 한 번 더 뚜껑을 닫고 익힌다.

*

# 미역당근된장죽

### Ingredients

재료 … 4인분
현미밥 3공기,
당근 70g,
건미역 5g,
파1/4개,
다진 마늘 1t,
된장 3T,
채수 7C,
참기름

**tip** ✿ 겨울철 식욕이 없고, 기운이 없을 때 먹으면 좋아요.

### Recipe

1. 건미역은 물에 불린 후 물기를 빼둔다. 당근은 채 썰어 소금을 조금 뿌려 두고, 파는 송송 썰어 둔다.
2. 달궈진 냄비에 참기름을 조금 넣고 미역을 볶은 후 당근과 파의 초록 부분을 볶아 준다.
3. 2에 채수를 자작하게 넣어 한소끔 끓어오르면 나머지 채수와 된장, 마늘 현미밥을 넣고 30분가량 약불에 끓인다. 파의 흰 부분을 넣고 불을 끈다.

*

# 톳연근조림

## Ingredients

재료 … 연근 100g,
톳 20g,
간장 2T,
현미유,
물 적당량

## Recipe

1. 톳은 물에 살짝만 헹궈 체에 받쳐 물기를 빼고 3cm 정도로 자른다.
2. 연근은 은행잎 썰기로 될 수 있는 한 얇게 썬다.
3. 냄비를 달군 후 현미유를 조금 넣고 연근을 볶은 후 톳을 볶는다.
4. 3에 물을 자박하게 넣고 중불로 익히다가 끓어오르면 약불로 줄여 뭉근히 익힌다.
5. 톳이 젓가락으로 잘라질 정도로 부드러워지면 간장을 넣고 수분이 없어질 때까지 익힌다.

**healthy tip** 면역력 밥상의 기본이 되는 반찬입니다. 천식, 암, 폐 질환이 있는 환자나 기력이 약한 노인에게 좋습니다. 국물이 완전히 없어질 때까지 조려야 냉장 보관해도 물이 생기지 않고 맛있게 먹을 수 있어요.

*

# 검은콩조림

**Ingredients**

**재료** … 검은콩 1C(160g), 간장 2t

**조림장** 물 3C, 소금 1/4t, 간장 1t

**healthy tip** ✿ 검은콩은 혈액을 깨끗하게 해줍니다. 육류 같은 산성식품을 많이 먹는 사람은 혈액이 탁한 경우가 많은데, 검은콩조림을 먹어 주면 좋습니다. 또한 안토시아닌과 같은 식물영양소는 시력 보호에 좋고, 항암 효과가 있습니다. 미역과 같은 해조류와 함께 먹으면 폐경기 증후군을 완화하고 골다공증 예방에도 도움이 됩니다.

**Recipe**

1. 냄비에 조림장을 넣고 끓인 후 검은 콩을 넣고 4시간가량 둔다.
2. 1을 약불로 콩이 부드러워질 때까지 물을 조금씩 보충하면서 익힌다.
3. 콩이 부드러워지면 간장 2t를 넣어 맛이 날 때까지 익힌다.

# * 겨울 된장국

**healthy tip** ✿ 겨울에는 혈액의 농도를 진하게 해 추위를 견딜 수 있도록 해야 합니다. 된장국의 채소는 참기름이나 현미유로 먼저 볶은 후 채수를 넣어 주고, 된장도 봄, 여름보다 조금 더 넣고 끓입니다. 채소는 뿌리채소 위주로 쓰는 것이 좋아요. 뿌리채소를 듬뿍 넣은 겨울된장국은 체온을 올려 주며, 면역력 향상에 가장 좋은 음식입니다.

## Recipe

1. 곤약은 소금으로 문질러 씻은 후 끓는 물에 데쳐 냄새를 제거한 후 먹기 좋은 크기로 자른다.
2. 양배추는 결 따라 한입 크기로 자르고 양배추 심은 얇게 채 썬다.
3. 무와 당근은 깍둑썰기, 연근은 원형대로 썰어 큰 것은 4등분, 작은 것은 2등분한다.
4. 파는 송송 썬다.
5. 두부는 끓는 물에 데쳐 물기를 빼둔다.
6. 냄비에 참기름을 조금 넣고 무를 넣어 볶다가 당근을 볶고, 연근을 볶는다. 탈 것 같으면 채수를 조금씩 넣어 가며 볶는다.
7. 6에 곤약과 양배추를 차례로 넣어 볶다가 채소가 어느 정도 익으면 채수를 자작하게 넣어 익힌다.
8. 나머지 채수와 대파, 된장을 넣고 한소끔 끓인 뒤 두부를 조금씩 손으로 떼어 넣고, 한소끔 더 끓인다.

## Ingredients

**재료 … 4인분**
양배추 20g,
연근 20g,
당근 15g,
무 30g,
곤약 50g,
대파 1/2개,
두부 1/2모,
참기름,
된장 2T,
채수 4C

# * 뿌리채소수제비

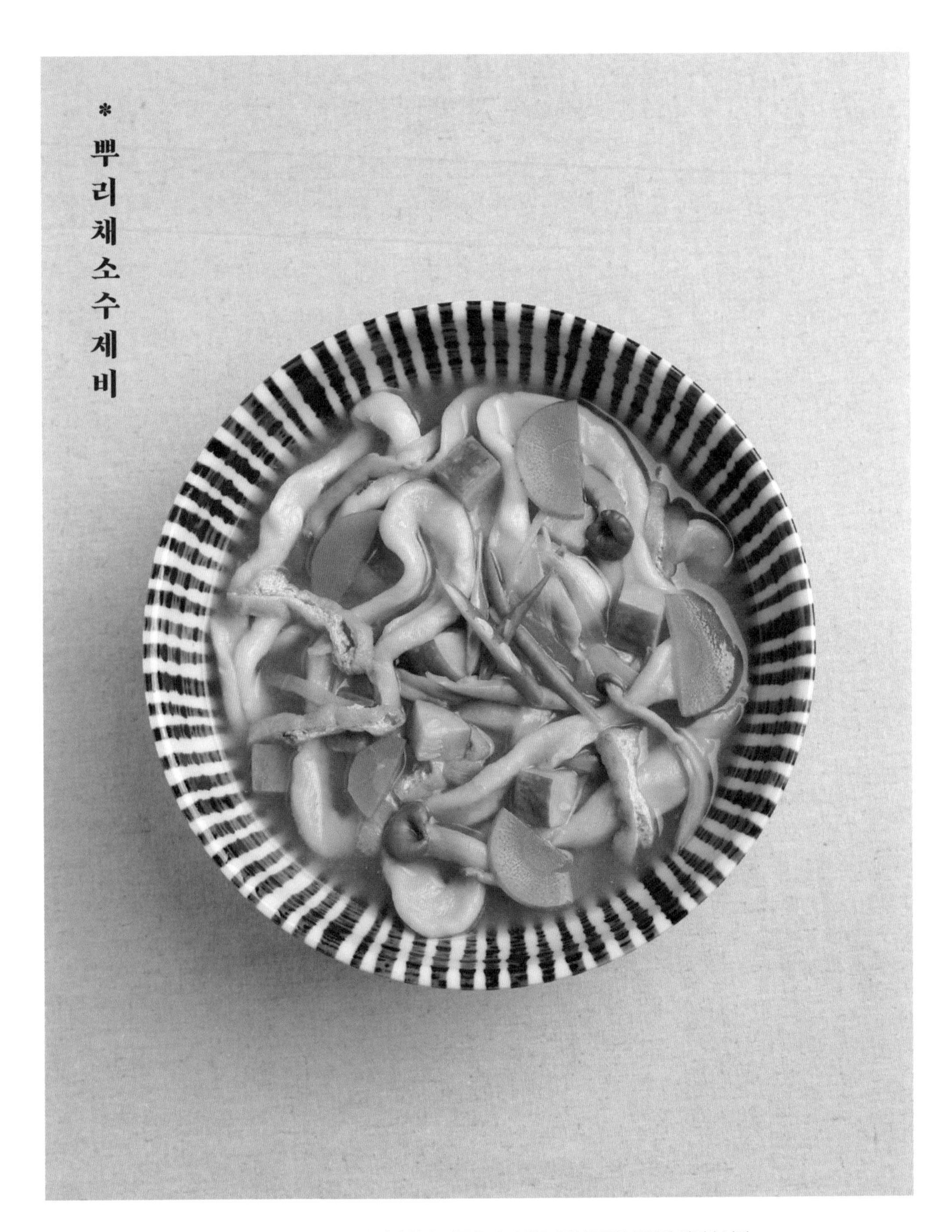

**tip** ✿ 우엉과 양파, 당근을 순서대로 충분히 볶아 주어야 맛있습니다.

## Ingredients

**재료 … 4인분**

우리밀 통밀가루 400g,
우엉 50g,
당근 60g,
애호박 150g,
양파 1/2개,
껍질콩 30g(6줄기),
강황 1T,
참기름,
조선간장,
채수 10C,
소금

## Recipe

1. 밀가루 200g씩을 나누어 200g은 통밀가루 그대로, 나머지 200g는 강황가루를 섞은 후 미지근한 물과 소금을 조금 넣어 반죽하여 1.5cm의 지름으로 새알을 동그랗게 만든다.
2. 1을 젖은 면포로 덮은 후 30분~1시간 정도 둔다.
3. 당근은 반달썰기, 양파는 결 따라 둥글게 썰고, 우엉은 돌려 깎기, 호박은 사방 1×1cm 크기로 깍둑썰기, 껍질콩은 소금물에 데쳐 어슷썰기, 느타리버섯은 손으로 찢어 둔다.
4. 달구어진 냄비에 유부를 넣어 구운 후 꺼내 유부는 채 썰어 둔다.
5. 4의 냄비에 참기름을 조금 두르고 우엉, 양파, 당근 순서로 소금을 조금씩 넣어 가며 볶아 준 후 채수를 자작하게 넣어 한소끔 끓인다.
6. 5에 나머지 채수와 느타리버섯, 유부를 넣고 긴장으로 간을 맞춘다.
7. 2의 새알의 가운데에 구멍을 내고 길게 늘인 후 6의 끓고 있는 냄비에 넣고, 호박도 넣어 준다.
8. 7이 익으면 불을 끄고 껍질콩을 올린다.

# * 두부톳무침

**healthy tip** ● 겨울철 장에 부담을 주지 않으면서 단백질과 지방, 미네랄 및 비타민을 섭취할 수 있는 영양 가득 속 편한 음식입니다.

## Recipe

1. 두부는 소금물에 데쳐 무거운 것을 올려놓아 물기를 뺀 후, 절구에 빻아 둔다.
2. 건표고버섯은 물에 불린 후 채 썰고, 당근은 4cm 길이로 나박 썰기 한다.
3. 찐 톳은 물에 살짝 헹궈 물기를 뺀다.
4. 달궈진 냄비에 당근과 표고버섯을 채수를 조금씩 넣어 가며 볶다가 톳과 채수를 넣고 끓인다.
5. 톳이 부드러워지면 간장을 넣고 수분기가 없어질 때까지 조린다.
6. 1의 두부에 무침양념을 넣고 섞는다. 볶은 참깨는 절구에 힘을 주지 않고 조금만 갈아 준다.
7. 6의 두부에 나머지 모든 재료를 넣고 섞는다.

## Ingredients

**재료** … 두부 1모(+소금),
찐 톳 15g,
건표고버섯 2개,
당근 20g,
채수 1.5C,
간장 2t

**무침양념** 볶은 참깨 2T,
소금 적당량

# * 연근당근 큐브현미밥

**tip** ✿ 연근당근큐브현미밥은 시각적으로도 식욕을 돋우는 메뉴입니다. 재료를 불에 익힐 때는 일반 들기름보다 생들기름을 쓰는 것이 좋아요.

### Ingredients

**재료 … 4인분**

현미밥 4공기,
연근 80g,
당근 60g(+소금),
두부 1모,
생들기름,
깨소금

### Recipe

1. 당근은 사방 0.5cm, 연근은 0.7cm, 두부는 1cm 정도로 깍둑썰기 한다.
2. 당근은 소금을 살짝 뿌려 둔다.
3. 당근은 냄비에 찌듯이 뚜껑을 덮고 무수분으로 익히다가 탈 것 같으면 물을 조금씩 넣어 가며 달콤한 냄새가 날 때까지 익힌다.
4. 연근은 물에 살짝 담가 전분기를 뺀 다음 냄비에 굽듯이 익힌다. 탈 것 같으면 물을 조금씩 넣어 가며 익힌다. 두부는 생들기름에 노릇하게 굽는다.
5. 그릇에 현미밥을 깔고, 당근, 연근, 두부를 얹은 후 깨소금을 뿌려 준다.

# 드라이카레

**healthy tip** 카레에 든 커큐민이 항암 성분으로 알려져 있지만 의외로 몸을 차게 하는 음식입니다. 가끔 먹는 것은 괜찮지만 허약한 환자가 자주 먹는 것은 바람직하지 않습니다. 수분이 많은 형태의 카레는 여름에 먹는 것이 좋고, 봄, 가을, 겨울에는 수분감이 없는 드라이카레를 먹는 것이 좋아요.

## Ingredients

**재료 … 4인분**

현미밥 4공기,
두부 1모,
당근(중) 1개,
양파 1개,
미니파프리카 4개,
애호박 2/3개,
고구마(중) 1개,
연근 60g,
카레가루 2T,
참기름,
소금

## Recipe

1. 두부는 끓는 물에 데쳐 물기를 뺀다.
2. 양파, 당근, 호박, 연근, 고구마는 모두 다진다.
3. 파프리카는 사방 5mm 정도 크기로 썬다.
4. 달구어진 팬에 참기름을 조금 두르고, 소금을 뿌려 가며 두부를 으깨듯 센불로 볶아 준 후 덜어 낸다.
5. 4의 팬에 다시 참기름을 조금 두르고 중불로 양파, 당근, 연근, 고구마, 호박 순서로 소금을 뿌려 가며 볶아 준다.
6. 5의 팬에 현미밥과 4의 두부를 넣고 함께 볶다가 카레가루를 넣고 볶아 준다. 싱거우면 소금으로 간한다.
7. 파프리카를 넣고 섞어 준 후 불을 끈다.

# 연두부 들깨미역국

**healthy tip** 들깨는 칼로리가 많이 나가는 고열량식품이지만 좋은 지방과 단백질, 비타민, 미네랄이 듬뿍 들어 있는 영양식이기도 합니다. 두부에도 단백질이 들어 있어 자칫 소화에 부담을 줄 수 있지만 배출을 도와주는 미역과 소화를 도와주는 생김치로 영양 균형을 맞추었습니다. 겨울철 보양이 필요할 때 요리해 보세요.

## Recipe

1. 양파는 채 썰고, 건미역은 물에 불린 후 먹기 좋은 크기로 썰어 둔다.
2. 배추김치는 송송 썰어 둔다.
3. 양파는 채수로 달콤한 냄새가 날 때까지 소금을 조금 뿌려 가며 볶는다.
4. 양파가 익으면 미역과 조선간장을 넣고 달달 볶다가, 채수를 1C 넣고 익힌다.
5. 남은 채수 2.5C에 들깨가루, 생강즙을 섞은 후 조금씩 부어 가며 익힌다.
6. 고소한 냄새가 나면서 끓으면 연두부를 뚝뚝 떼어 넣어 한소끔 끓인 후 그릇에 담는다.
7. 송송 썬 배추김치를 얹어 마무리한다.

## Ingredients

**재료 … 4인분**

연두부 1모,
건미역 15~20g,
양파 1/2개,
소금,
배추김치 2T,
조선간장 1T,
들깨가루 2T,
채수 3.5C,
생강즙 1t

## * 우엉잡채

**tip** ✿ 당면은 넣지 않아도 괜찮습니다. 채를 썰어야 하는 재료는 당면의 굵기와 비슷하게 가늘게 써는 것이 좋습니다.

### Ingredients

재료 … 우엉 40g,
당근 50g,
적양배추 40g,
양파 1/2개,
당면 30g,
목이버섯 50g,
홍고추 1/2개,
청양고추 1/3개,
참기름, 현미유
간장, 소금

### Recipe

1. 청양고추는 송송 썰고, 목이버섯은 한입 크기로 잘라 둔다.
2. 나머지 채소는 모두 채 썰고, 우엉은 참기름 조금, 그 외 채소에는 소금을 조금 뿌려 둔다.
3. 당면은 5~6분 정도 삶은 후 물기를 빼고, 참기름, 간장으로 버무려 놓는다.
4. 팬에 참기름을 두른 후 청양고추를 살짝 볶고, 양파를 매운맛이 사라질 때까지 볶는다.
5. 우엉을 넣고 우엉의 좋은 냄새가 날 때까지 볶은 후 당근, 양배추, 목이버섯을 볶는다.
6. 채소가 익으면 물을 조금 넣고 물기가 사라질 때까지 익힌 후 간장을 넣어 살짝 조려 준다.
7. 6에 당면과 홍고추를 넣고 센불에 살짝 볶은 후 불을 끈다.

# * 두반장 없는 마파두부

tip ✿ 마파두부는 두반장이 없으면 만들기 어려워 보이지만 시중에 판매하는 두반장에는 설탕, 향미증진제 등 첨가물이 함유되어 있어 면역력에 좋은 음식이 아닙니다. 두반장, 굴소스 없이 만드는 착한 마파두부는 간단하면서도 맛과 영양도 좋은 요리입니다.

## Recipe

1. 두부는 끓는 물에 데쳐 물기를 제거한 후 2× 2cm 크기로 깍둑썰기 한 후 양념장에 버무려 놓는다.
2. 양파와 대파는 다진다.
3. 팬에 기름을 조금 두른 후 양파를 볶다가 파를 같이 볶는다.
4. 3에 1의 두부를 넣어 볶다가 채수를 반 정도 넣고 조린다.
5. 4가 끓으면 나머지 채수와 후추를 넣고 조린다.
6. 5가 어느 정도 조려지면 전분물을 넣고 걸쭉하게 하고 불을 끈다.

## Ingredients

**재료** … **3인분**
현미밥 3공기,
두부 1모,
양파 1개,
대파 1/2개,
채수 1C,
현미유,
후추 약간

**전분물** 칡전분 1T+물 3T

**양념장** 된장 1T, 고추장 1/2T,
간장 1T, 다진 마늘 1t,
생강즙 1t, 조청 1T,
고추기름 2t

*

# 사과칡전분조림

## Ingredients

**재료** ··· 사과(대) 1개,
칡전분 1.5T(+물 3T),
물 50cc

## Recipe

1. 사과는 8등분하여 껍질을 벗기고, 씨를 제거하고 1조각을 3~4등분으로 자른다.
2. 칡전분은 물과 섞어 둔다.
   **참고** • 15~30분 전에 미리 섞어 두어야 칡전분이 물과 제대로 섞인다.
3. 스테인리스 냄비에 사과와 물을 넣고 뚜껑을 덮고 약불에 익힌다.
4. 사과가 투명하게 익으면 2를 넣고 나무 주걱으로 조금씩 젓다가 칡전분이 투명하게 변하면 불을 끈다.

**healthy tip** ✿ 사과 자체의 단맛이 강해 간식으로도 좋지만, 감기 기운이 있어 목이 아프거나 미열이 있을 때, 식욕이 없거나 배가 살살 아프면서 진한색의 설사를 할 때 먹으면 특히 좋습니다.

*

# 뿌리채소스틱

## Ingredients

재료 … 4인분
당근(중) 1.5개,
우엉 1개,
고구마(중) 2개

소스 두부 300g,
된장 1T,
참기름 1/2T,
볶은 참깨 3T,
레몬즙 1T

tip ✿ 계절에 따라 단호박, 무 등의 뿌리채소를 이용합니다.

## Recipe

1. 당근, 우엉, 고구마를 먹기 좋은 크기로 잘라 찐다.
2. 찜기에 면포를 깔고 당근, 우엉, 고구마를 모두 넣어 20~25분 동안 찐다.
3. 두부는 물기를 빼고, 소스의 나머지 재료와 섞어 핸드 블렌더로 갈아 준다.
4. 2를 3에 찍어 먹는다.

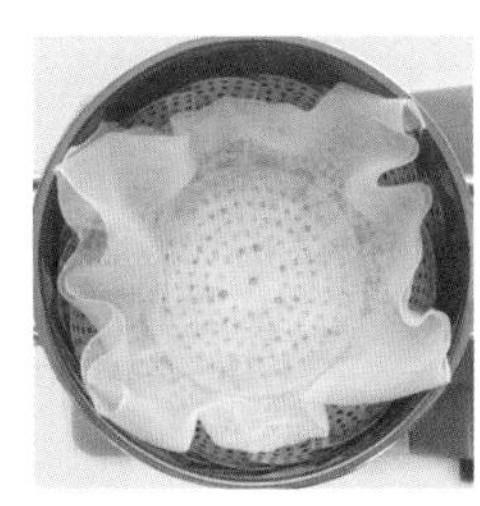

*

# 건나물비빔밥

**Ingredients**

**재료** … **4인분**
현미밥 4공기,
표고버섯(채수 우리고 남은 것) 3개,
건유채나물 20g,
건호박고지 50g,
건가지 20g, 유부,
조선간장 1T, 들기름 1T

**볶음양념** 들깨가루 1T, 쌀뜨물 1C

**양념장** 고추장 1T, 된장1t, 참기름 1t, 통깨 1t, 다진마늘 1t, 조청 1t

**healthy tip** ✿ 제철 채소를 햇볕에 말린 건나물은 말리는 과정에서 비타민D와 철분, 미네랄이 더욱 풍성해집니다.

**Recipe**

1. 모든 건채소는 하루 정도 찬물에 불려 둔다.
2. 1의 채소를 찬물에 한 번 더 가볍게 헹군 후 꼭 짜서 조선간장과 들기름을 넣고 무친다. 유부는 끓는 물에 데친 후 물기를 빼고, 채 썬다.
3. 채수를 우리고 남은 표고버섯은 방사형으로 썬 후 팬에 간장을 조금 넣고 볶아 놓는다. 2에 볶음양념의 재료를 넣고 국물이 사라질 때까지 조린다.
4. 양념장을 만든 후 현미밥 위에 건나물을 얹고 양념장과 비벼 먹는다.

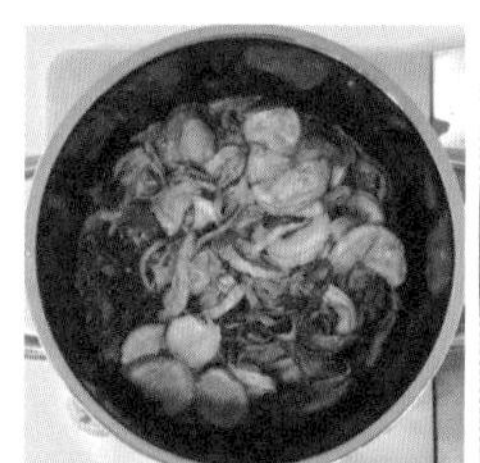

*

# 무수분채소찜

## Ingredients

**재료** … 양파 1개,
양배추 5장,
당근 50g,
단호박 250g,
참기름,
소금 2/3t,
간장 1T

**tip** ✿ 겨울의 대표적인 채소 요리입니다. 소금과 간장을 불로 요리하면 채소의 고유한 맛을 끌어낼 수 있어요. 소비료를 넣지 않아도 채소에 단맛이 있다는 것을 알게 될 거예요. 영양은 물론 맛까지 겸비한 면역력을 높이는 레시피입니다.

## Recipe

1. 양파는 3cm 두께로 결 따라 썰어 둔다.
2. 양배추는 4×5cm 정도 크기로 썰고, 당근은 반달썰기 한다.
3. 단호박은 결 따라 썬 후 2cm 크기로 깍둑썰기 한다.
4. 냄비에 참기름을 두르고 양파, 당근, 양배추, 단호박 순서로 소금을 조금씩 뿌려 가며 볶다가 어느 정도 익으면 간장을 넣고 뚜껑을 닫은 후 20~30분 익힌다.

healthy tip ✿ 토란은 소화 장기를 보호하기에 좋습니다. 또한 몸이 허하여 임파절에 멍울이 생겼을 때나 속이 더부룩할 때 위장이 편안하게 도와줍니다.

## Recipe

1. 토란은 소금물에 잘 씻어 모서리를 돌려 깎는다.
2. 채수에 소금, 간장을 넣고 한소끔 끓인다.
3. 2에 토란을 넣고 국물이 토란에 잘 배도록 작은 뚜껑을 덮고 익힌다.
4. 토란이 익으면 토란의 반을 꺼내서 소스의 재료와 함께 섞어 핸드 블렌더로 갈아 소스를 만든다.
5. 남아 있는 토란 위에 소스를 부어 먹는다.

## Ingredients

재료 … 토란 10개,
채수 1C,
소금 1/2t,
간장 1T

소스 볶은 캐슈넛 40g,
볶은 참깨 1T,
된장 1/2t,
채수 1/2C

tip ✿ 반드시 채수를 이용해서 끓여야 맛이 살아나요.

### Ingredients

**재료 … 4인분**

새우살 250g,
표고버섯 4개,
부추 120g,
알배추 80g,
쪽파 1줄기,
만두피 12개,
칡전분 1T,
생강즙 1t,
현미유,
채수 4C,
간장,
소금

### Recipe

1. 새우는 소금과 후추를 뿌려 밑간을 한다.
2. 표고버섯은 잘게 다진 후 간장을 조금 뿌려 둔다.
3. 알배추는 잘게 다져 소금을 조금 뿌려 둔 후 물기를 꼭 짠다.
4. 부추는 1cm 길이로 잘라 두고, 쪽파는 송송 썰어 둔다.
5. 냄비에 현미유를 조금 두르고 표고버섯을 볶다가 알배추, 새우, 부추 순서로 넣어 볶은 후 생강즙을 넣어 한 번 더 볶고 불을 끈다.
6. 만두피에 5를 넣어 예쁜 모양의 완자를 만든다.
7. 냄비에 채수를 넣고 끓어오르면 6을 넣는다.
8. 피가 투명해지면 간장과 소금으로 간을 한 후 칡전분을 넣고 한소끔 더 끓인 다음 불을 끄고 쪽파를 올린다.

# * 우엉당근 연근조림

**healthy tip** ✿ 우엉은 장점막을 보호하고 해독 작용을 합니다. 뿌리채소인 우엉과 당근, 연근을 장시간 간장에 조린 이 메뉴는 면역력을 올리고, 기력을 회복하는 데 더 없이 좋은 음식이에요. 재료를 최대한 얇게 썰어야 하고, 우엉이 잘 익었을 때 간장을 넣는 것이 포인트입니다.

**Ingredients**

**재료** … 우엉 50g,
당근 20g,
연근 30g,
참기름 2t,
간장 1~2T,
물 적당량

**Recipe**

1. 우엉과 당근은 껍질째로 깨끗이 씻어 최대한 가늘게 채 썬다.
2. 연근은 최대한 얇게 편 썰기 한다.
3. 데워진 냄비에 참기름을 두르고, 중약불에 우엉의 고소한 냄새가 날 때까지 볶다가 냄비 한쪽으로 밀어 둔다.
4. 3의 냄비에 당근을 넣고 우엉으로 잠시 당근을 덮어 둔 후, 함께 볶는다.
5. 같은 방법으로 연근을 볶는다.
6. 연근이 어느 정도 익으면, 재료가 약간 잠길 정도로 물을 넣고 뚜껑을 닫고 약불에 익힌다.
7. 우엉이 젓가락으로 잘라질 정도로 익으면 분량의 간장을 넣고 물기가 사라질 때까지 조린다.

# 유자청무찜

**healthy tip** ♣ 음식을 소화시키고, 속을 편안하게 해주며 몸속의 오래된 노폐물을 배출시켜 주는 귀한 음식 무를 유자와 함께 조리하면 색다르게 먹을 수 있습니다.

## Recipe

1. 무는 2cm 두께로 썰어 둔다.
2. 냄비에 다시마를 깔고 무를 얹은 후 물을 넣고 끓어오르면 약불로 줄인 후 무가 부드럽게 익을 때까지 끓인다.
3. 무가 부드러워지면 간장을 넣고 한소끔 더 끓인다.
4. 냄비에서 무와 다시마를 건져 내고, 건져 낸 다시마는 채 썬다.
5. 냄비의 남은 국물에 전분물을 넣고 걸쭉하게 만든다.
6. 그릇에 무, 채 썬 다시마, 유자청을 얹고 5의 국물을 끼얹는다.

## Ingredients

**재료** … **4인분**
무 400g,
유자청 적당량,
물 3.5C,
다시마 3×5cm 5장,
간장 2T

**전분물** 칡전분 3T+물 3T

# * 영양현미크림

**healthy tip** ✿ 현미크림은 흡수율이 매우 좋고, 현미의 영양분을 고스란히 섭취할 수 있어 중병의 환자 및 이유식에도 무척 좋은 음식입니다. 질환이 있어 식욕이 없거나 밥을 잘 삼킬 수 없을 때 깨소금이나 볶음된장을 얹어 먹는 현미크림은 보약과 같아요. 체에 거르지 않고, 면포에 걸러도 되는데 과정2의 현미를 면포에 넣어 주걱으로 긁어 줍니다. 만들 시간이 없을 때는 미리 분량의 크림을 만들어 냉동 보관 후 중탕하여 먹습니다.

### Ingredients

**재료** … 현미 1/2C,
물 5C,

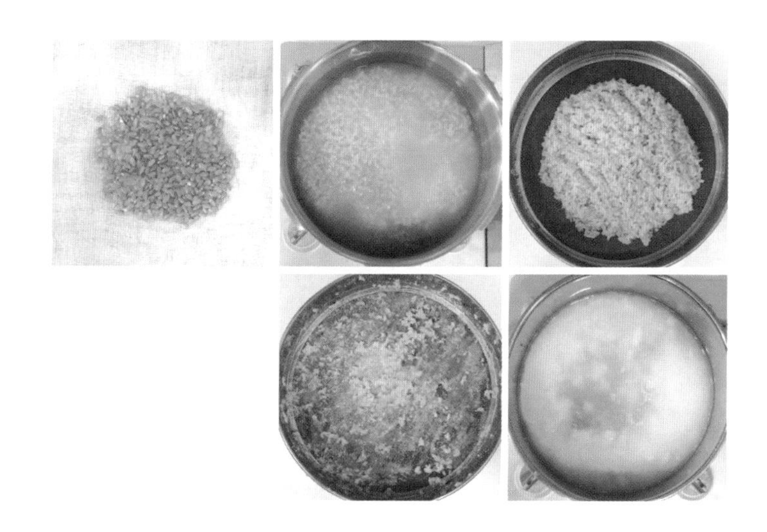

### Recipe

1. 현미는 물에 씻지 않고, 깨끗한 면포로 닦은 후 팬에 현미가 불투명해질 때까지 볶는다.
2. 압력솥에 1의 현미와 물 3.5C을 넣어 중불로 끓이다가 압력추가 돌아가면 약불로 줄인 후 40분 정도 더 익힌다.
3. 볼 위에 체를 얹고, 2의 현미를 주걱으로 긁어내린다.
4. 3의 체에 거른 현미를 냄비에 옮겨 나머지 물 1.5C을 넣고 끓이다가, 끓기 시작하면 약불로 줄여 수프 정도의 농도가 될 때까지 끓인다.